U0351933

土壤优控污染物监测方法

主　编　多克辛

副主编　徐广华　付　强

中国环境科学出版社·北京

图书在版编目（CIP）数据

土壤优控污染物监测方法/多克辛主编. —北京：
中国环境科学出版社，2012.8
ISBN 978-7-5111-1090-9

Ⅰ. ①土⋯　Ⅱ. ①多⋯　Ⅲ. ①土壤污染—土
壤监测　Ⅳ. ①X53

中国版本图书馆 CIP 数据核字（2012）第 187691 号

责任编辑　张维平　　贾卫列
责任校对　扣志红
封面设计　金　喆

出版发行　中国环境科学出版社
　　　　　（100062　北京东城区广渠门内大街 16 号）
　　　　　网　　址：http://www.cesp.com.cn
　　　　　电子邮箱：bjgl@cesp.com.cn
　　　　　联系电话：010-67112765（编辑管理部）
　　　　　发行热线：010-67125803，010-67113405（传真）
　　　　　印装质量热线：010-67113404
印　　刷　北京中科印刷有限公司
经　　销　各地新华书店
版　　次　2012 年 8 月第 1 版
印　　次　2012 年 8 月第 1 次印刷
开　　本　787×960　1/16
印　　张　11.25
字　　数　202 千字
定　　价　35.00 元

《土壤优控污染物监测方法》编委会

主　编	多克辛
副主编	徐广华　付　强
编　委	于　莉　张　军　申　剑　王玲玲　彭　华　申进朝
	徐晓力　吕怡兵　滕　曼　胡冠九　王潇磊　陈　纯
	王维思　李　娟　南淑清　王　宣　戎　征　王　琪
撰　写	多克辛　王玲玲　申进朝（第1章）
	多克辛　王玲玲　申进朝（第2章）
	王玲玲　王潇磊　王　琪　陈　纯　彭　华（第3章）
	王玲玲　王潇磊　李　娟　南淑清　刘　丹（第4章）
	王玲玲　彭　华　王潇磊　王维思　李　斐　李　明（第5章）
	陈　纯　王　琪　王玲玲　刘　丹（第6章）

前　言

　　1989 年 4 月，原国家环境保护总局根据社会经济条件和环境管理的需要，在"七五"环保科技计划项目"中国环境优先监测研究"的基础上，提出了适合中国国情的《水中优先控制污染物》名单，包括 14 类 68 种有毒化学污染物，第一次以国家意志的形式提出有步骤地对一些最具代表性、对人体健康和生态平衡危害较大的污染物进行优先重点控制。

　　"十一五"期间我国环保工作进入快速发展的新阶段，环境管理从传统污染物的总量控制向同时重视不同环境介质中微量优控污染物的控制方向发展，开展土壤优控污染物的监测已经迫在眉睫。然而，当前国内与土壤环境中优控污染物配套的监测方法、规范和相关标准较为缺乏。相比之下，国外的相关监测方法体系较为先进，但国内受仪器和人员配置等软、硬件方面的条件限制，尚无法完全照搬外国的方法用于国内优控物的例行监测。建立适合我国国情的土壤优控污染物监测技术体系已成为我国环境保护的迫切需求。

　　2007 年 8 月，为构建满足国家履约需求的持久性有机污染物监测技术平台，发展与国际接轨的优控污染物监测技术方法体系，通过全面评估国内优控污染物监测的技术需求，发展具有国际先进水平的优控污染物监测技术，科技部在"863 计划资源环境技术领域"发布了"优控污染物监测技术研究"重点项目课题。本书以其"课题三：优控污染物的监测技术系统"之子课题"土壤环境优控污染物监测技术研究"为依托，以建立具有国际先进水平优控污染物监测体系为目标，针对国内实际情况，在吸收国际先进环境监测方法技术基础上进行了充分的研究和验证，重点研制了土壤介质采样技术方法、前处理方法和分析方法。这些分析方法不仅适合于环境保护部提出的 68 种优先控制污染物，也适用于土壤中其他同类化合物的分析，其中有些方法目前正在转化成环境保护部标准方法。

　　由于技术水平有限，本书难免有不当之处，诚恳欢迎读者批评指正。

目　录

第1章　国内外土壤优控物监测技术现状

1.1　国外土壤监测技术

1.1.1　国外土壤监测技术规范及其特点、应用情况

国外土壤监测技术有些以国家标准的形式出现，有些以手册的形式出现（表 1-1），大多有独立的土壤布点、采样、制样（包括预处理）的技术指导文本，有关的技术规范和标准方法较为全面、细化。既有包括内容较全的样品采集标准，如 ISO 10381-2—2003，也有特殊内容的采样技术指南，如 "ISO 10381-5—2005 土壤质量 取样 第 5 部分：城市和工业场所土壤污染调查方法指南"、"ISO 10381-4—2004 土壤质量 取样 第 4 部分：自然、近自然及种植区勘察程序指南" 等。样品预处理又分为有机和物理化学项目两类，其中均附有详细的研究数据资料。而 ISO 14507—2003 则详细列举了挥发性有机物、半挥发有机物和不挥发有机物等样品的采样和制样技术要点，同时样品状态对不同项目测定结果的影响则以附件的形式予以说明。见表 1-1。

关于土壤污染物的分析方法，美国环保局（EPA）相对较全，包括有机物的提取、净化、浓缩、仪器分析等，汇编在《固体废弃物物理/化学评价方法》，也就是通常所称的 SW-846，同时也是《资源保护及恢复法》即 "RCRA" 的测试手册（见表 1-2、表 1-3）。此外，EPA 6000 系列为等离子体（ICP）方法，如电感耦合等离子体原子发射光谱法、电感耦合等离子体质谱法等；7000 系列为以不同金属元素为对象的分析方法；9000 系列一部分为物质特性分析方法，另一部分为非金属无机物、总有机卤化物、TOC、酚类及微生物学分析。

SW-846 方法系列为固体废物监测分析测试方法，适用于土壤。除少数特例外，基本都是模块化的，前处理和仪器分析分别有各自的技术和方法，二者自由组合共同完成样品分析全过程。对于一个系统的方法而言，可能样品制备对应于一个方法，样品提纯对应于一个方法，仪器分析则对应于另一个方法。而有的方法是通用性的，适用于所有方法。

表 1-1   国外土壤质量监测采样、制样技术规范

标准号	标准名称
ISO 标准	
ISO 10381-2—2003	土壤质量 取样 第 2 部分：取样方法指南
ISO 14507—2003	土壤质量 测定有机污物用试样的预处理
ISO 159.3—2002	土壤质量 土壤和现场信息记录格式
ISO 16133—2004	土壤质量 监测程序的建立和维护指南
ISO 10381-3—2001	土壤质量 取样 第 3 部分 安全指南
ISO 10381-7—2005	土壤质量 取样 第 7 部分：土壤气体取样指南
ISO 10381-5—2005	土壤质量 取样 第 5 部分：城市和工业场所土壤污染调查方法指南
ISO 10381-4—2004	土壤质量 取样 第 4 部分：自然、近自然及种植区勘察程序指南
ISO 11464—2006	土壤质量 物理化学分析用样品的预处理
ISO 18512—2007	土壤质量 土壤样品长期和短期储存指南
欧洲标准	
BS ISO 14507—2003	土壤质量 有机污染物测定用样品的预处理
DIN ISO 14507—2004	土壤质量 有机污染物测定用样品的预处理
BS ISO 10381-2—2002	土壤质量 取样 取样技术指南
DIN ISO 10381-5—2007	土壤质量 取样 第 5 部分：城市和工业场所土壤污染调查方法指南
美国标准	
EPA 1992	土壤采样草案：采样技术和规范
SW-864	第 9 章 采样计划
SW-864	第 10 章 采样方法

表 1-2   EPA 涉及土壤介质的前处理方法标准

序号	方法标准号	标准名称
1	Method 3540C	索氏提取
2	Method 3541	自动索氏提取
3	Method 3545A	加压流体萃取
4	Method 3546	微波萃取
5	Method 3550C	超声提取
6	Method 3610B	氧化铝净化
7	Method 3611B	氧化铝净化分离废烃
8	Method 3620C	硅酸镁净化
9	Method 3630C	硅胶净化
10	Method 3640A	凝胶色谱净化
11	Method 3650B	酸碱分离净化
12	Method 3660B	硫的净化
13	Method 3665A	硫酸净化

表 1-3　EPA 涉及土壤介质的仪器分析方法标准

标准号	标准名称
Method 8015C	气相色谱法测定非卤代挥发性有机物
Method 8021B	气相色谱/光离子化检测器或电子捕获检测器测定挥发性芳香烃或卤代烃
Method 8031	气相色谱法测定丙烯腈（氮磷检测器）
Method 8032A	气相色谱法测定丙烯酰胺（电子捕获检测器）
Method 8041A	气相色谱法测定酚类化合物
Method 8061A	气相色谱法测定邻苯二甲酸酯类化合物（电子捕获检测器）
Method 8081B	气相色谱法测定有机氯杀虫剂
Method 8082A	气相色谱法测定多氯联苯
Method 8121	气相色谱法测定卤代烃：毛细管柱
Method 8260B	气相色谱/质谱法测定挥发性有机物
Method 8261	真空蒸馏——气相色谱/质谱法测定挥发性有机物
Method 8270D	气相色谱/质谱法测定半挥发性有机物
Method 8275A	热萃取——气相色谱/质谱法测定挥发性有机物（多环芳烃和多氯联苯）
Method 8280B	高分辨气相色谱/质谱法测定 PCDDs 和 PCDFs
Method 8290A	高分辨气相色谱/质谱法测定 PCDDs 和 PCDFs 附件 A
Method 8310	高效液相色谱法测定多环芳烃
Method 8315A	高效液相色谱法测定羰基化合物
Method 8316	高效液相色谱法测定丙烯酰胺、丙烯腈和丙烯醛
Method 8318A	高效液相色谱法测定 *N*-甲基氨基甲酸酯
Method 8321B	高效液相色谱/质谱法或紫外检测器测定非挥发性有机物
Method 8325	高效液相色谱/粒子束/质谱法测定非挥发性有机物
Method 8330A	高效液相色谱法测定硝基芳烃和硝基胺
Method 8331	反相高效液相色谱法测定基特拉辛
Method 8332	高效液相色谱法测定硝化甘油

EPA 方法具有以下特点：

第一，方法可选择性高。各类优控物均至少有一种方法可选择，有些项目甚至存在多种不同技术类别的方法。例如多项有机物均有气相色谱、气相色谱/质谱和高效液相色谱 3 种分析方法，既有特定项目的分析方法，也有挥发性有机物、半挥发性有机物这样目标物众多、适用性广的高通量分析方法。

第二，方法覆盖面广。例如，前面提到的处理技术方法种类全面、技术先进，尤其是有机物的提取技术囊括了自动索氏提取（3541）、超声萃取（3550）、微波萃取（3546）、加速溶剂萃取（3545）等各种方法。

第三，标准化程度高。多种净化技术独立成标准方法，便于有机物分析应用。

第四，质控体系完善。质控要求成为每个方法的一个重要的内容，质控体系完整。

第五，方法适用性强。提取、净化和仪器分析等方法既相对独立，又相互结合；每个方法内容详尽，侧重于应用程序、应用原理、质量控制要求、方法性能等内容，而具体的方法条件和程序则可在确保方法性能的前提下改进，增加了方法的适用性和发展空间。

1.1.2　国外土壤监测技术的研究热点和发展趋势

美国、日本等国家在 20 世纪七八十年代就开展了土壤等环境介质中有毒污染物的调查与优先控制污染物的筛选和研究工作，相应的环境采样技术和分析标准也较早地建立起来。美国没有设国家层面的标准和规范，主要以行业协会的标准方法为主。有关土壤质量的标准和规范主要有 EPA 方法和美国测试与材料协会标准，所建立的方法已被许多国家采用。英国标准局于 1988 年颁布了《潜在污染土壤的调查规范》，规定了一般土壤污染调查的程序和方法指导，包括布点、样品采集数量、样品采集方法、质量控制及报告编写等。此外还采纳了 ISO 的有关土壤采样和制样标准。

德国自 1999 年联邦土壤保护与污染点监控出台以来，一直致力于土壤中物质迁移的研究，同时对土壤中污染物质的自然衰退进行了研究。法国国家地质调查局于 20 世纪 90 年代设立了土壤污染及废物专题研究中心，并确立了 21 世纪的目标：开发新技术、生成并发布可靠的相关必要数据，为土壤等公共管理政策提供必要的工具。俄罗斯则建立了统一的"国家生态监测系统"，已经走上了全盘规划和部署的轨道。

随着精密分析仪器设备的不断开发，多种仪器联用技术的应用，使大型仪器的定量、定性精密度和准确度得到提高。加速溶剂萃取、微波萃取、超声波萃取、微波消解、土壤无机样品全自动消解系统等高效、自动化程度高的先进前处理技术和设备的不断更新大大改变了土壤等复杂环境样品提取落后、耗时费力的现状，缩短了环境调查分析周期。近几年，随着我国经济实力的增长，国外此类先进的样品前处理与分析的技术手段全面应用于环境样品的监测。

1.2　国内土壤监测技术

1.2.1　国内土壤监测技术规范及其特点、应用情况和存在问题

目前，我国有关土壤监测的技术规范主要有《土壤环境监测技术规范》（HJ/T

166—2004）和《农田土壤环境监测技术规范》（NY/T 395—2000）。

　　《土壤环境监测技术规范》（HJ/T 166—2004）适用于全国区域土壤背景、农田土壤环境、建设项目土壤环境评价、土壤污染事故等类型的监测。规定了土壤环境监测的布点采样、样品制备、仪器分析、结果表征、资料统计和质量评价等技术内容。监测项目分常规项目、特定项目和选测项目：常规项目原则上为《土壤环境质量标准》（GB 15618—1995）中所要求控制的污染物；特定项目是《土壤环境质量标准》（GB 15618—1995）中未要求控制的污染物，可根据当地环境污染状况，确认在土壤中积累较多、对环境危害较大、影响范围广、毒性较强的污染物，或者污染事故对土壤环境造成严重不良影响的物质，具体项目由各地自行确定；选测项目一般包括新纳入的在土壤中积累较少的污染物、由于环境污染导致土壤性状发生改变的土壤性状指标以及生态环境指标等，由各地自行选择测定。

　　土壤样品无机元素测定预处理方法有全分解方法（普通酸分解法、高压密闭分解法、微波炉加热分解法、碱溶法）、酸溶浸法（HCl-HNO_3 溶浸法、HNO_3-H_2SO_4-$HClO_4$ 溶浸法、HNO_3 溶浸法、Cd/Cu/As 等的 0.1 mol/L HCl 溶浸法）。有机化合物测定预处理方法有振荡提取、超声波提取、索氏提取、浸泡回流法、吹扫蒸馏法、超临界提取法等；提取液的净化有液—液分配法、化学处理法（酸处理法、碱处理法、吸附柱层析法等）。

　　《农田土壤环境监测技术规范》（NY/T 395—2000）标准适用于农田土壤环境监测。标准规定了农田土壤环境监测的布点采样、分析方法、质控措施、数理统计、成果表达与资料整编等技术内容。监测项目分必测项目、选择必测项目、选择项目。必测项目类似于《土壤环境监测技术规范》（HJ/T 166—2004）的常规项目，为《土壤环境质量标准》（GB 15618—1995）中所要求控制的污染物；选择必测项目为《土壤环境质量标准》（GB 15618—1995）中未要求控制的污染物，可根据当地环境污染状况（如农区大气、农灌水等），确认在土壤中积累较多，对农业生产危害较大，影响范围广、毒性较强的污染物，亦属必测项目。具体项目由各地确定；选择项目为各地自行确定，一般包括新纳入的在土壤中积累较少的污染物、由于环境污染导致土壤性状发生改变的土壤性状指标和农业生态环境指标。分析方法则分第一方法、第二方法、第三方法：第一方法为标准方法（仲裁方法），是土壤环境质量标准中选配的分析方法；第二方法是由权威部门规定或推荐的方法；第三方法是各农业监测站根据实情自选的等效方法。

　　《土壤环境监测技术规范》（HJ/T 166—2004）和《农田土壤环境监测技术规范》（NY/T 395—2000）的内容基本一致，是目前国内土壤监测的主要依据，内容相对齐全，也给出了部分项目的质控指标。但规范中涉及监测项目的样品前处理和仪器分析方法还不完善，无有机物的样品采集、制备技术要点和技术说明；缺乏土壤样品中针对挥发性有机物的采样技术和方法指导内容；无干湿样品对不同分析项目的适用性说明和技术解释；无混合样品和单一样品的适用性选择依据；缺乏有机物前处理技术方法等。

在标准方面，我国现行关于土壤环境质量污染物分析的标准方法有 11 个（表1-4）。而 68 种优控污染物仅有 7 种重金属元素（砷、镉、铅、铬、铜、汞、镍）和 20 种有机化合物（挥发性卤代烃、苯系物、氯苯和萘）颁布了标准方法，其余 3 项无机项目（氰化物、铊、铍）和 38 项有机项目（除氯苯外的氯苯类化合物、苯胺类化合物、除萘外的多环芳烃类化合物、酚类化合物、硝基苯类化合物、邻苯二甲酸酯类化合物、有机磷农药、除草剂、其他有机化合物）均没有标准分析方法。此外，土壤样品在分析过程中必须经过消解、提取等前处理，前面提到的处理技术和方法是整个分析过程中重要的内容，可包含在分析方法中，也可单独使用。已经颁布实行的标准方法中一般含有前处理方法，但部分不够详细，还存在许多需改进的地方。

国内土壤分析方法体系还很不完善，存在软件落后于仪器设备硬件条件的现象，大量的方法空白已经和目前国内日益发展的仪器设备条件很难匹配，很多实验室在解决实际工作需要时不得不大量应用国外标准方法，也就难免存在方法技术统一性差的问题。如现有国标方法所用检测技术较为单一，已颁布国标的土壤中重金属的测定方法均为原子吸收光谱法，ICP-AES 和 ICP-MS 还没有纳入国标方法，不能适应环境监测系统快速提高的硬件环境需求，也不能完全适用于这 9 种重金属元素（砷、镉、铅、铬、铜、汞、镍、铊、铍）的测定。

表1-4 我国现行土壤分析标准方法

序号	化合物	国家标准
1	砷及其化合物	GB/T17134—1997 土壤质量 总砷的测定 二乙基二氨基甲酸银分光光度法
2	砷及其化合物	GB/T 17135—1997 土壤质量 总砷的测定 硼氢化钾—硝酸银分光光度法
3	镉及其化合物	GB/T 17141—1997 土壤质量 铅、镉的测定 石墨炉原子吸收分光光度法
4	铅及其化合物	GB/T 17140—1997 土壤质量 铅、镉的测定 KI-MIBK 火焰原子吸收分光光度法
5	铬及其化合物	HJ 491—2009 土壤质量 总铬的测定 火焰原子吸收分光光度法
6	铜及其化合物	GB/T 17138—1997 土壤质量 铜、锌的测定 火焰原子吸收分光光度法
7	汞及其化合物	GB/T 17136—1997 土壤质量 总汞的测定 冷原子吸收分光光度法
8	镍及其化合物	GB/T 17139—1997 土壤质量 镍的测定 火焰原子吸收分光光度法
9	六六六和滴滴涕	GB/T 14550—1993 土壤质量 六六六和滴滴涕的测定 气相色谱法
10	二噁英	HJ 77.4—2008 土壤 沉积物 二噁英的测定 同位素稀释高分辨气相色谱/质谱法
11	挥发性有机物	HJ 605—2011 土壤 挥发性有机物的测定 吹扫捕集/气相色谱—质谱法

1.2.2　国内土壤监测技术的研究热点和发展趋势

随着国内近几年经济、科技实力的增强，精密分析仪器设备的不断开发，环境分析技术也得到很大的推动。具有国际先进水平的技术设备在国家、省、市级环境监测科研院所、高校等机构占有一定比例，GC/MS（色谱/质谱）、HPLC（高效液相色谱）、ICP（电感耦合等离子光谱）、ICP/MS 等仪器设备已经列入一、二级监测站标准化建设范围，绝大多数省站和一些发达的二级站装备了较为先进的监测硬件设备。联用技术的应用也使得大型仪器的定量、定性精密度和准确度得到提高。加速溶剂萃取、微波萃取、超声波萃取、微波消解、土壤无机样品全自动消解系统等高效、自动化程度高的先进前处理技术和设备的不断更新大大改变了土壤等复杂环境样品提取落后、耗时、费力的现状，缩短了环境监测分析周期。土壤监测硬件技术条件得到了很大发展，而土壤监测分析软技术的研究则相对滞后，我国在土壤环境污染物监测方法标准化、系列化、先进性方面还未达到标准分析方法的最低要求，与国外相比，存在较大的差距。现行的分析方法标准、规范远远落后于监测技术的发展，远远落后于环境管理需求。土壤监测技术体系不完整，目前的标准不同程度地存在方法陈旧、烦琐、不完整的问题，监测技术规范内容不全面，例如，比较缺乏有机污染物的技术规定，采样、制备内容不够系统和详细，针对不同类型污染物的土壤样品保存和运输等技术规定还不详细等。因此，尽快完善土壤环境监测技术体系十分迫切。

在今后一段时期内，应加强土壤监测分析技术研究，架构科学合理、符合国情、开放的土壤污染物监测技术方法体系，使技术水平达到国际先进水平，分析项目满足环境管理的需求；补充样品采集、保存体系中关于部分土壤无机/有机污染物的内容；针对土壤污染物中监测方法体系的缺项进行研究；对现有的监测标准方法中存在的技术性缺陷进行补充，以使国内的环境监测方法能与国际先进方法接轨；对监测方法体系中针对土壤污染物，提出比较完善的质量控制和质量保证体系，实现对检测方法体系有效的控制和评价。

1.3　土壤监测仪器设备现状

进入 21 世纪，科技和经济的发展也大大带动了分析仪器设备的发展。自动化、联机技术和提高仪器灵敏度成为当前分析仪器发展的趋势。随着政府、科学研究和社会公众对土壤质量、污染状况等数据信息的需求，土壤等固态监测分析仪器设备已成为一个发展空间很大的领域。就土壤分析而言，不仅对分析仪器设备有一些特殊的要求，而且需要一大批各种类型的样品制备提取的仪器设备。与此同时，在实际应用中，人们一方面需要实验室精密的分析测试结果，同时也需要快速、方便、精度和定量要求达到现场判断评价需求的便携式快速仪器，因此，各种现场便携式快速监测仪器也不断涌现，例如，基于 X 衍射分析原理的现场元素快速分析仪，便携式或车载式固相微萃—色谱/质谱联用仪。

从仪器的生产而言，目前国产的分析仪器设备在实验室特别是较高一级实验室的仪器拥有量还很低，且集中在低技术含量水平辅助设备上，粗略统计，省级环境监测站分析仪器国产最高仅占 5%，二级站可以占到 20%。近两年我国仪器分析技术也得到了很大的发展，但精密化和自动化程度还有待加强。

在积极开发转化国际先进监测技术方法的同时，我国科研、大学和仪器产业部门应借助国家各种扶持政策采取多种方式开展技术合作，加快环境监测技术的成果转化，推进环境监测仪器的产业化和技术升级。

本书仅列出优控物在土壤监测中所用到的分析仪器设备的类别，详见表 1-5。

表1-5　土壤优控物监测分析仪器设备类别

序号	待测物	前处理设备	分析仪器
1	砷	电子分析天平、电热板等敞开式消解器、微波等密闭消解器	原子荧光光度计
2	汞		冷原子测汞仪、固体进样测汞仪等
3	铅、镉		石墨炉原子吸收分光光度仪（萃取）火焰原子吸收分光光度仪 等离子体发射光谱/质谱仪
4	铬、铜、镍		火焰原子吸收分光光度仪 等离子体发射光谱仪
5	铊、铍		石墨炉原子吸收分光光度仪 等离子体发射光谱/质谱仪
6	挥发性卤代烃（二氯甲烷、三氯甲烷、四氯化碳、1,2-二氯乙烷、1,1,1-三氯乙烷、1,1,2-三氯乙烷、1,1,2,2-四氯乙烷、三氯乙烯、四氯乙烯、三溴甲烷）、氯苯（氯苯、二氯苯）	电子天平、吹扫捕集、顶空进样器	气相色谱仪（火焰、电子捕获检测器） 气相色谱/质谱仪
7	苯系物（苯、甲苯、乙苯、间二甲苯、邻二甲苯、对二甲苯）		

序号	待测物	前处理设备	分析仪器
8	丙烯腈、N-亚硝基二丙胺、间二甲酚、2,4-二氯苯、2,4,6-三氯苯酚、五氯苯酚、对-硝基苯酚、硝基苯酚、硝基苯类、硝基苯、对-硝基甲苯、2,4-二硝基甲苯、三硝基甲苯、对硝基苯氯苯、2,4-二硝基氯苯、邻苯二甲酸二甲酯、邻苯二甲酸二丁酯、邻苯二甲酸二辛酯、六六六、滴滴涕、敌敌畏、乐果、对硫磷、甲基对硫磷、敌百虫	电子天平、水浴加热器、索氏提取、超声萃取、微波萃取、自动索氏提取、加压流体萃取仪等、氮吹仪、旋转蒸发仪	气相色谱仪（配电子捕获检测仪、氮磷检测器）、气相色谱/质谱仪
9	多氯联苯		
10	萘、荧蒽、苯并[b]荧蒽、苯并[k]荧蒽、苯并[a]芘、茚并[1,2,3-cd]芘、苯并[g, h, i]苝		高效液相色谱仪、气相色谱/质谱仪
11	砷及其化合物 镉及其化合物 铅及其化合物 铬及其化合物 铜及其化合物 汞及其化合物 镍及其化合物	微波消解仪、全自动无机消解仪、控温电热板	原子吸收分光光度仪、冷原子测汞仪、电感耦合等离子体发射光谱仪、电感耦合等离子体发射光谱/质谱仪、原子荧光光谱仪

第2章 土壤有机物监测技术要点

完整的监测技术体系，除了实验室分析测试技术外，还包括布点、采样等现场方法和规定，且应制定具有普适性的质量保证和质量控制措施及数据处理技术规定。

2.1 构建土壤优控物监测技术体系

我国现行的《土壤环境监测技术规范》（HJ/T 166—2004），主要由布点、样品采集、样品处理、样品测定、环境质量评价、质量保证及附录等部分构成。每个部分规范了土壤监测的程序和技术要求，基本对各个环节有一定的指导作用，但分析方法和质控内容不完善。对于土壤中的优控污染物，金属及无机元素监测技术相对完善，有机优控物还存在较大欠缺。因此本书在编制过程中，立足我国土壤监测技术基础，借鉴国际先进技术，通过实践验证和研究有机优控污染物的监测方法，与现行标准共同构建适合我国国情并具一定先进性的土壤优控物监测技术体系（图2-1）。该体系不仅满足了土壤优控物的监测分析，亦可满足持久性、环境雌激素干扰物等其他有机物的监测。形式上不仅考虑了单一方法的完整性和独立性，同时兼顾方法的通用性和灵活性。采样等现场监测技术规范主要以现行标准为主，补充了挥发性有机物等采样方面的技术要求及质量控制和质量保证等内容。

2.2 样品的采集、运输和保存

2.2.1 采样前准备

采样的准备内容根据监测工作目的的不同而选择不同的内容，可参考《土壤环境监测技术规范》（HJ/T 166—2004）。较大区域土壤监测还要根据规范制定细致的监测方案，列出准备工作内容。一般监测调查，根据目的列出准备清单。

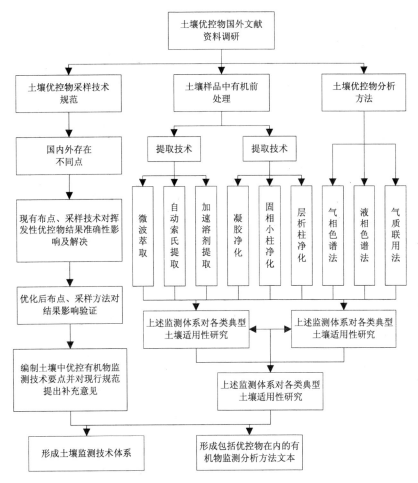

图 2-1　土壤优控物监测技术研究路线

正常情况下，采样工作应在布点方案实施后进行。准备工作大致包括人员准备、资料准备和采样器具准备。采样前，应组织土壤采样技术培训或选择有丰富监测经验的采样人员，准备点位布设图、各类调查资料图表、现场采样记录单等。对采样器具，主要准备棕色广口瓶、棕色挥发性有机物专用密封瓶等容器、铁锹、铁铲、圆筒状取土钻、螺旋取土钻、竹片、GPS、罗盘、照相机、胶卷、卷尺、铝盒、样品袋、样品冷藏箱（具有保温措施如可放置冰袋）等工具，样品标签、采样记录表、铅笔、资料夹等记录用品。此外，还应准备相应的工作服、工作鞋、防污手套、安全帽、药品箱等安全防护用品。采集有机物土壤样品时，半挥发性、不挥发性有机物土壤样品一般采用金属铁锹，挥发性有机物土壤最好使用土钻。

采集含量在 ppm 级（10^{-6}）的样品时，必须仔细清洗玻璃器皿，否则会由于污染而产生额外的色谱峰，导致在最后色谱图的解释中出现诸多问题。对于如索氏提取、K-D 蒸发浓缩器、采样系统组件或任何其他的提取较小体积的提取物的玻璃器皿，需特别仔细地进行处理。浓缩待测定化合物的过程同样会引入污染物质，会使结果严重失真。一般来说，玻璃器皿用后应立即清除表面残留物，用热浸泡使细粒物松动和漂浮，用氧化剂浸泡破坏痕量有机化合物，并用蒸馏水清洗去除自来水中的金属沉积物，最后用甲醇清洗以冲除最后的痕量有机物和残余水分，并在使用之前立即用与分析中使用的相同溶剂冲洗器皿。

当玻璃器皿（即烧杯、移液管、烧瓶或瓶）接触到样品或标样后，尽快用甲醇冲洗玻璃器皿，然后再浸泡在热的洗涤剂中，否则浸泡浴会使浸泡在其中的所有其他玻璃器皿受到污染。热浸泡需选择 50℃或更高温度的水。洗涤剂应该是全合成的，禁用脂肪酸碱，因为影响水质硬度的钙盐和镁盐易与脂肪酸碱作用形成硬水水垢，对于许多氯化的化合物特别具有亲和力。

2.2.2　点位布设

为使所布设的采样点具有最好的代表性和典型性，满足研究的需要，在采样单元、采样点数量确定之后，应合理布设监测点位。在确定的采样单元中布点，一般要求随机均匀布设，以能代表整个监测区域为原则；最优监测原则，优先监测代表性强、有可能造成污染的最不利的方位、地块，即坚持哪里有污染就在哪里布点，把监测点布设在怀疑或已证实有污染的地方，根据技术力量和财力，优先布设在污染严重、影响农业生产活动的地方；进行污染纠纷或污染事故调查时，按污染物的走向布点，并设置对照点。土壤中优控物布点方法参考《土壤环境监测技术规范》（HJ/T 166—2004）5.1—5.4 节。对于已知存在污染场地的监测，应按照《土壤环境监测技术规范》（HJ/T 166—2004）5.2.3 节的系统随机法布点。如果区域内土壤污染物含量变化较大，系统随机布点比简单随机布点所采样品的代表性要好。

点位的布设根据不同监测类型有不同的要求。在进行大型区域土壤背景质量监测或污染调查的布点时，一般按三个阶段进行：① 前期点位。根据背景资料与现场考察结果，采集一定数量的样品分析测定，用于初步验证污染物空间分异性和判断土壤污染程度，为制订监测方案（选择布点方式和确定监测项目及样品数量）提供依据，前期采样可与现场调查同时进行。② 正式点位。按照监测方案，实施现场采样。③ 补充点位。正式采样测试后，发现布设的样点没有满足总体设计需要，则要进行增设采样点补充采样。面积较小的土壤污染调查或突发性土壤污染事故调查可经过现场勘察后，制订监测方案，直接采样。

2.2.3　样品类型

土壤样品分混合样品和单一样品。在进行区域环境背景调查和农田土壤环境监测时采集混合样。但用于分析挥发性有机物的样品不能采取混合样品，应采集表层 5 cm 以下的柱状单一样品。

一般农田土壤环境监测采集耕作层土样，一般农作物种植区域采集 0～20 cm 土层，果林类农作物种植区域采集 0～60 cm 土层。为保证样品的代表性，降低监测费用，一般采集混合样。每个土壤单元设 3～7 个采样区，单个采样区可以是自然分割的一个田块，也可以由多个田块所构成，其范围以 200 m×200 m 左右为宜。每个采样区的样品混合后统一处理。

混合样的采集主要有以下 4 种方法：

① 对角线法。适用于污灌农田土壤，对角线分 5 等份，以等分点为采样分点。

② 梅花点法。适用于面积较小，地势平坦，土壤组成和受污染程度相对比较均匀的地块，设分点 5 个左右。

③ 棋盘式法。适宜中等面积、地势平坦、土壤不够均匀的地块，设分点 10 个左右；受污泥、垃圾等固体废物污染的土壤，分点应在 20 个以上。

④ 蛇形法。适宜于面积较大、土壤不够均匀且地势不平坦的地块，设分点 15 个左右，多用于农业污染型土壤。各分点混匀后用四分法取 1 kg 土样装入样品瓶，多余部分弃去。

建设项目土壤环境质量评价监测和城市土壤、污染事故土壤监测时采集单一样品。进行建设项目土壤环境评价监测采样时，应布设总数不少于 5 个且每 100 hm² 占地不少于 5 个的采样点，其中小型建设项目布设 1 个柱状样采样点，大中型建设项目布设不少于 3 个柱状样采样点，特大型建设项目或对土壤环境影响敏感的建设项目布设不少于 5 个柱状样采样点。对于非机械干扰土，采样点应以污染源为中心放射状布设为主，在主导风向和地表水的径流方向适当增加采样点（离污染源的距离远于其他点）；以水污染型为主的土壤按水流方向带状布点，采样点自纳污口起由密渐疏；综合污染型土壤监测布点采用综合放射状、均匀、带状布点法。表层土样采集深度 0～20 cm；每个柱状样取样深度都为 100 cm，分取 3 个土样：表层样（0～20 cm）、中层样（20～60 cm）、深层样（60～100 cm）。对于机械干扰土，由于建设工程或生产中土层受到翻动影响，污染物在土壤纵向分布不同于非机械干扰土，采样点布设原则同非机械干扰土，但采样深度由实际情况而定，应随翻动深度的增加而增加。各点取 1 kg 装入棕色采样瓶，填写采样记录。单一样品的采样位置可根据需要采用随机深度采样、分层随机深度采样和规定深度采样。

城市土壤主要是指栽植草木的土壤，由于其复杂性分两层采样，上层（0～30 cm）可能是回填土或受人为影响大的部分，另一层（30～60 cm）为人为影响相对较小部分。两层分别取一个样监测。监测点以网距2 000 m的网格布设为主，功能区布点为辅，每个网格设一个采样点。对于专项研究和调查的采样点可适当加密。

污染事故发生后，应在接到举报后立即组织采样。通过现场调查和观察，取证土壤被污染时间，根据污染物及其对土壤的影响确定监测项目，尤其是污染事故的特征污染物是监测的重点。据污染物的颜色、印渍和气味以及结合考虑地势、风向等因素初步界定污染事故对土壤的污染范围。如果是固体污染物抛洒型，等打扫后采集表层5 cm土样，采样点数不少于3个。如果是液体倾翻型，由于污染物向低洼处流动的同时向深度方向渗透并向两侧横向方向扩散，故每个点应分层采样，事故发生地样品点较密，采样深度较深，离事故发生地相对远处样品点较疏，采样深度较浅，采样点不少于5个。每个点的深度根据实际污染情况自行设定。若是爆炸型，以放射性同心圆方式布点，采样点不少于5个，爆炸中心采分层样，周围采表层土（0～20 cm）。事故土壤监测要设定2～3个背景对照点，各点（层）取1 kg土样装入样品袋，有腐蚀性或要测定挥发性化合物，改用广口瓶装样。

此外，有特定研究目的的采样可适当灵活实施。例如，研究对象为表层土壤时就仅需采集表层样品。

2.2.4 挥发性有机物（VOC）的采集方法

在大部分污染土壤和其他固体废弃物中，挥发性有机化合物（简称VOC）共存于气相、液相和固（吸附）相中。进行VOC浓度评定的样品，对于收集、搬运和保存来说特别需要注意的是气体成分的保持。

土壤中挥发性有机物的采集关键是要减少采样过程中的损失，因此要求采样环节一定要快，减少样品暴露时间，同时采用必要的专用采样工具。挥发性有机物一般要求使用金属土钻采集柱状样品，当柱状样品取出后要用最快的速度将柱状土壤样品的中心部分新鲜样剥离转移进入专用挥发性有机物分析瓶，然后立即密封装箱、储存。样品装填方法有两种：一种是称量样品瓶装样。专用VOC样品瓶在使用前要做必要的准备工作，事先清洗干净、烘干保证没有干扰物，并称量整体重量编号记录。由于土壤样品一旦加入样品瓶中，就不允许再打开，加入土壤的样品重量需要回来后直接称量。需要干重时，则同时采集一份样品用于测定水分。土壤 VOC 样品测定一般需要 5 g 或 25 g 两种规格，所有点位样品均需要采集一对样，最后结果采用两个结果的平均值。另一种是不称量样品瓶装样，需将圆柱状样品的柱芯样直接填满专用小瓶，密封好带至实验室，样品在实验室按照有关分析方法要求进行称量配制。采样时要避开所有可能产生有机物废气的发动机或任何排放废气的装置，VOC 小瓶样品在运输和储存过程中也可能会被通过垫片扩散的挥发性有机物所污染，为了监控可能的污染，在整个采样、储存和运输过程中同时带一个由蒸馏去离子水配制的运输空白进行监控，并用专用的样品箱进行样品储存。

测定半挥发性有机物用的采样容器应用肥皂水洗涤，再用甲醇（或异丙醇）冲洗。样品容器应为玻璃或聚四氟乙烯材质，并配备带有聚四氟乙烯衬垫的螺旋盖。应小心填装样品容器，以防止所采集样品的任何部分接触到采样者的手套而引起污染。不能在有尾气存在的地方采集或储存样品。如果样品与采样器接触（例如用自动采样器），用试剂水作现场空白。

当采集污染现场的土壤样品时，在采样过程中首先应考虑的是安全，全面了解废弃物生产过程、潜在风险，并尽可能地调查清楚，在采样前对采样点进行观察评估以决定辅助的安全措施。基本的防护应包括戴手套和安全眼镜，防止样品与皮肤及眼睛接触；当在有机蒸气存在的户外工作时，应戴上防毒面罩，更危险的取样任务可能需要穿戴能提供空气和其他特殊要求的工作服。采样需要的主要器具见表 2-1。

表 2-1　不同的监测项目选择的工具和器材

物品名称	监测项目	采样工具与容器	数量
采样用具	无机类	木铲、木片、竹片、剖面刀、圆状取土钻或铁铲	每组至少 1 份
	农药类	铁铲、木铲、取土钻	
	挥发性有机物	铁铲、木铲、取土钻或不锈钢铲	
	半挥发性有机物		
样品容器	无机类	塑料袋或布袋	依样品数量确定
	农药类	250 ml 棕色磨口玻璃瓶	
	挥发性有机物	采样钻、铁铲、40 ml 吹扫捕集专用瓶或 250 ml 带聚四氟乙烯衬垫棕色广口瓶或磨口玻璃瓶	
	半挥发性有机物	250 ml 带聚四氟乙烯衬垫棕色广口瓶或磨口玻璃瓶	
其他物品	挥发性有机物	在容器口用于围成漏斗状的硬纸板	
	半挥发性有机物	在容器口用于围成漏斗状的硬纸板或一次性纸杯	

2.2.5 样品的运输、保存

用于分析有机物的土壤样品根据目标物的不同，采用不同的储存方式。挥发性有机物土壤样品保存在 40 ml 专用采样瓶中，密封完好，存放在 4℃冷藏箱中，运输途中保持低温及严防车用汽油等有机物污染。半挥发性有机物土壤样品应保存在 1 L 广口棕色瓶中，10℃以下运输。不挥发性有机物土壤样品密封在 1 L 广口棕色瓶中，可以常温保存运输。所有土壤样品在运输途中都应保持原始性，防止污染。

样品运至实验室后应按要求做好必要的周转交接手续。

采集的新鲜样品应尽快分析。

样品在实验室储存的时间取决于目标化合物的挥发性和生物降解性。若存在这种可能，则存放时间不应超过 4 d。若无此可能，并且土壤生物活性较低，则可较长时间储存。如果微生物对拟测定化合物的分解较快，样本交接后就应立即进行预处理。尤其是对于含挥发性有机物的样本，储存时间应尽可能短，分析尽可能快，最好在 1~2 d 完成分析。如果采取化学干燥和研磨，且储存空间凉爽、黑暗，则可保存更长时间。如果样本进行冷冻，亦可延长有效的储藏时间。

参考保留时间见表 2-2。

表 2-2 新鲜样品的保存条件和保存时间

测试项目	容器材质	温度/℃	可保存时间/d	备 注
挥发性有机物	玻璃（棕色）聚四氟乙烯密封垫	<4	7	采样瓶装满装实并密封
半挥发性有机物	玻璃（棕色）聚四氟乙烯密封垫	<4	10 d，萃取后可存 40 d	采样瓶装满装实并密封
农药类	玻璃（棕色）聚四氟乙烯密封垫	<4	10 d，萃取后可存 40 d	采样瓶装满装实并密封
非挥发性有机物	玻璃（棕色）	<4	14 d，萃取后可存 40 d	—

2.3 样品制备

土壤样品制备方法取决于待测物质或是物质组的挥发性。一般来说，待测物质可简单分为三个类别：① 挥发性化合物。沸点<300℃。② 半（中度）挥发性

有机化合物。沸点＞300℃。③ 难挥发性有机物。又分为必须研磨的和不可能进行研磨或没有必要研磨的两种。

对于监测挥发性有机物的样品，分析前不需进行预处理。按照上节方法采样后尽可能快地进行分析。

对于半挥发性有机物的监测，考虑到新鲜样品在进行混合、分取、研磨、干燥过程中均有可能造成目标物的损失，推荐下列制备程序：分拣出明显异物，如树枝、石块、金属物等，混合均匀，在尽量不损失目标物的情况下，使用化学干燥剂、真空冷冻干燥或液氮低温干燥。化学干燥指使用无水硫酸钠、硅酸镁或硫酸镁等适量的干燥剂，与测定样品进行充分混匀。含水率大于 60%时，可增加干燥剂的用量但不宜减少样品量。无论是在称量之前还是称量后，样品应尽可能长地储存在阴凉的环境中。干燥时要不断翻动样品使其不板结。若条件允许，亦可采用真空冷冻干燥，干燥前应放置在低温冰柜中预冻。

对于监测有机污染物的样品，取样量一般为 20 g。若样品颗粒小于 2 mm 且污染物分布均匀，则不需进一步研细。若样品的颗粒较大或污染物是多相分布的（如存在焦油微粒），不可能取得 20 g 未经研磨的有代表性的测试样。为了提高均一性，样品则需研磨至小于 1 mm。能使用先进的低温研磨筛滤是最为理想的，否则尽量在低温时手工适度研磨减小颗粒的尺寸（例如小臼和研棒）。对于没有必要研磨过筛的样品可以省略此步。

难挥发性有机物保存和处理时对温度的要求不是那么严格，常温下应该不会影响其成分的变化，其他的防污染措施和上述两类物质一样。干燥可以采用常温自然风干干燥，有必要时可以研磨，但应防止研磨时的沾污和损失。

2.4　样品前处理

土壤有机物前处理方法应根据实际条件选择能够满足分析目的需要的方法。

2.4.1　索氏提取法

适用于从固体中（如土壤、相对干燥的淤泥和固体废弃物）提取非挥发性和半挥发性有机物。将固体样品和无水硫酸钠等干燥剂混合，放入一个萃取套管或两个玻璃棉塞子之间，在索氏提取器中用适当的溶剂进行提取并干燥、浓缩提取物。索氏提取法使用的玻璃仪器相对较便宜、一次上样、不需手动操作、提取效率高，但是提取时间很长（16～24 h）。该方法被认为是最基础、最有效的提取方法。

2.4.2 自动索氏提取法

使用改进的索氏提取器，适用于从固体样品中（如土壤、相对干燥的淤泥和固体废弃物）提取半挥发性/非挥发性有机物。将固体样品和无水硫酸钠等干燥剂混合，放入一个萃取套管或两个玻璃棉塞子之间，用适当的溶剂在自动索氏提取器中提取。该装置的提取管在提取的第一步是将样品抽提套管浸入沸腾的溶剂中，这可以保证样品和溶剂充分接触，快速提取有机物；第二步，将套管提升到溶剂上方，如同索氏提取法一样进行淋洗提取；第三步，蒸发溶剂。将萃取溶剂加热较索氏提取方法提高了萃取效率，一般样品 1～2 h。

2.4.3 加压流体动提取法

适用于提取固体样品如土壤、干燥淤泥和固体废弃物中的非挥发性/半挥发性有机化合物。将固体样品和无水硫酸钠等干燥剂混合，放在提取池中，并在一定压力、温度下用少量溶剂提取。方法使用的溶剂少，自动化程度高，一次提取液固自动分离，是目前比较高效的固体样品萃取方法。

2.4.4 超声波提取法

采用超声波技术从固体（如土壤、污泥和废物）中提取非挥发性和半挥发性有机物。根据样品中有机物的估计浓度，可分为低浓度法和高浓度法。两种方法都是将已知重量的样品与无水硫酸钠等干燥剂混合，使用合适溶剂在超声波辅助下进行提取。超声波提取法速度快（提取 3 次、每次 3 min 提取后过滤），但是使用溶剂量大，需严格遵守方法操作细则（超声波仪的调谐非常重要）。超声波提取效率低于本节所述的其他提取方法，尤其是对于被吸附在土壤基质中的非极性化合物（如 PCBs 等）的提取。另外，超声波的能量会促使某些有机磷类化合物发生分解。因此，在未经实际样品验证前，这种提取技术不宜用于有机磷化合物的提取。验证试验应该评价方法的精密度、准确度、稳定性和灵敏度项目所规定的检测浓度要求。

2.5 样品分析

土壤中有机物的仪器分析方法有较多的选择，应综合考虑分析对象和污染物的可能浓度。不同分析方法的适用范围见表 2-3。

表 2-3　土壤有机物分析方法

分析方法	适用范围	灵敏度
吹扫捕集/气相色谱质谱法	土壤中挥发性有机物包括苯系物、卤代烃等	μg/kg
吹扫捕集/气相色谱—电子捕获检测器	土壤中挥发性卤代烃	ng/kg
气相色谱/质谱法	土壤中半挥发性有机物筛查	μg/kg～mg/kg
气相色谱—电子捕获检测器	土壤中含卤素有机物定量分析（有机氯农药、多氯联苯等）	ng/kg～μg/kg
气相色谱—火焰光度检测器	土壤中含磷硫有机物定量分析	μg/kg
高效液相色谱	土壤中多环芳烃定量分析	μg/kg
气相色谱/质谱法	土壤中酞酸酯定量分析	μg/kg

2.6　质量控制与质量保证

2.6.1　样品采集质量控制

采样人员应掌握采样技术规定及质量控制要求，了解布点原则，能正确使用采样工具，掌握各类监测调查的采样深度、采样方式、样品运输和保存条件及保存时间等技术要求。采样时注意避开干扰因素，根据调查目的和方案需要在采样单元内的特殊地块采集样品时要特别注意环境情况，标明现场的特殊性，如明显污染区等。做好现场记录，编制唯一性标识。

测定有机物的土壤样品要事先携带运输空白，以考察采样运输过程中可能的污染。采集现场平行样品，混合样品则必须为同一点位的土壤鲜样。

2.6.2　样品制备质量控制

样品制备过程中要尽可能减少样品损失，避免带来外界干扰物，注意保持样品的原始性，根据测定目标物的性质科学选择制备方法。若仅进行定性分析，则可忽略一些严格的准确性要求，但必须保证样品的原貌。根据目的选择、明确湿样和干样对测试结果产生的差异性影响。制备用于测定挥发性有机物的土壤样品一定要严格遵照要求，使用新鲜样品。

2.6.3　样品分析的质量控制

（1）质控程序

各实验室都应针对每个分析方法制定一个质量控制程序，至少应包含以下质控措施：

空白实验 每提取一批样品（20 个）或更少的样品时必须包括 1 个全程序空白样品。

加标实验 每批次做 1 对加标平行样。

质控样品 有条件可以做一个实验室质控样。

（2）方法熟练度验证

各实验室必须通过对空白样品中加入分析物检测结果的准确度和精密度来验证对样品制备方法和检测方法掌握的熟练程度，包括对提取方法的验证和对检测方法的验证。在培训新进工作人员或仪器条件发生重大改变时，实验室应该重新进行方法确认和性能验证。验证的样品可用空白样品加入含有所有分析物的标准溶液制备，标准物质储备浓溶液（用于添加）可以用纯的标准物质制备或购买商品化的溶液。

用于验证的空白加标样品的准备步骤取决于被评价的方法。某些检测方法提供了添加溶液和空白加标样品的制备过程。若未提供，则用甲醇溶液（或其他水溶性溶剂）来制备参考样品，根据方法的性能数据来确定如何配制。若方法缺乏性能数据，参考样品标准溶液的浓度可以按照添加在空白基质中的浓度为每种待分析物 10～50 倍的 MDL 值来制备，也可以调整加入分析物的浓度，以便能更准确地反映实验室分析的浓度。为评价整个分析方法的性能，参考样品必须用与实际样品相同的方法处理。可用沙子和土（无有机干扰物）作为空白样品。

下面是环境优控污染物参考样品配制方案：

苯酚 QC（质量控制）参考样品溶液应为含各待测物浓度为 100 µg/ml 的 2-丙醇溶液。

邻苯二甲酸酯 QC 参考样品浓溶液应为含下列各种待测物的丙酮溶液，其浓度为：丁基苄基邻苯二甲酸酯 10 µg/ml；双（2-乙基己基）邻苯二甲酸酯 50 µg/ml；二正辛基邻苯二甲酸酯 50 µg/ml 和 25 µg/ml 任意的其他邻苯二甲酸酯。

亚硝胺 QC 参考样品浓溶液应为含各待测物浓度为 20 mg/L 的异辛烷溶液。

有机氯农药 QC 参考样品浓溶液应为含有下列各种待测物的丙酮溶液：4,4'-DDD（10 mg/L）、4,4'-DDT（10 mg/L）、硫丹 II（10 mg/L）、硫丹硫酸盐（10 mg/L）和任意的其他单成分农药（2 mg/L）。若方法仅用来分析氯丹和毒杀芬，QC 参考样品浓溶液应该是含有最具代表性的多成分物质的丙酮溶液，各成分浓度为 50 mg/L。

PCBs QC 参考样品的浓溶液应为含有最具代表性多组分化合物的丙酮溶液，浓度为 50 mg/L。

　　硝基芳香类和环酮　QC 参考样品浓溶液应为含有下列化合物的丙酮溶液：各种二硝基甲苯（20 mg/L）、异佛尔酮（100 mg/L）和硝基苯（100 mg/L）。

　　多环芳烃　QC 参考样品浓溶液应为含有下列化合物的乙腈溶液：萘（100 mg/L）、苊烯（100 mg/L）、苊（100 mg/L）、芴（100 mg/L）、菲（100 mg/L）、蒽（100 mg/L）、苯并荧蒽（5 mg/L）、任何其他 PAHs（10 mg/L）。

　　卤代醚　QC 参考样品浓溶液应为含有每个分析物 20 mg/L 的异辛烷溶液。

　　氯代烃　QC 参考样品浓溶液应该是含有下列分析物的丙酮溶液：六氯代烃（10 mg/L），其他氯代烃类化合物（100 mg/L）。

　　苯胺类和衍生物　QC 参考样品的浓溶液应为含有每个分析物的丙酮溶液，其浓度是所需添加浓度的 1 000 倍以上。

　　有机磷农药　QC 参考样品的浓溶液应为含有每个分析物的丙酮溶液，其浓度是所需添加浓度的 1 000 倍以上。

　　有机氯除草剂　QC 参考样品浓溶液应为含有每个分析物的丙酮溶液，其浓度是所需添加浓度的 1 000 倍以上。

　　挥发性有机物　QC 参考样品浓溶液应为含有每个分析物的甲醇溶液，分析物的浓度为 10 mg/L；将此浓度添加到 100 ml 的试剂水中，形成的参考溶液足够分成 4 份 25 ml 的溶液。

　　半挥发性有机物　QC 参考样品浓溶液应为含有每个分析物的丙酮溶液，浓度为 100 mg/L。

　　（3）标准溶液配制

　　用于直接制备标准溶液的物质，必须为纯度高、性质稳定的基准试剂或国家一级标准物质。不能直接用于配制标准溶液的物质，先用此物质配制近似于所需浓度的溶液，然后用基准试剂来标定其准确度。也可以用一级标准物质来为某一浓度赋值。标准溶液使用记录应完整，保存方法和保存期严格执行《化学试剂　杂质测定用标准溶液的制备》（GB 602—2002）的相关要求。

　　（4）标准溶液的保存

　　有机分析所用的标准储备溶液要有登记，记录生产厂家、批号、物质名称、生产日期、有效期。有机标准储备溶液打开后应立即转移至带密封的样品瓶中，并贴好标签，于−20～−10℃的冰箱中冷冻保存。保存期间应经常检查储备液的降解或蒸发情况。储备液至多可用 1 年，期间应进行质控核查，发现异常停止使用。取一定量的有机储备液用合适的溶剂稀释成所需浓度的中间标准溶液，中间标准溶液装于瓶中，应尽量减少顶空，用配备特氟龙硅胶垫的密封盖密封，于−20～−10℃的冰箱中冷冻保存，使用时一定要平衡到室温。样品提取液可在−20～−10℃

的冰箱中冷冻保存至少 15 天。

（5）有机定性分析质量控制

用气相色谱—质谱联用法测定样品中挥发性有机物（VOC）或半挥发性有机物（SVOC）时，仪器自动调谐后，VOC 需用 4-溴氟苯（BFB）、SVOC 需用十氟三苯基磷（DFTPP）调谐验证，各离子峰及强度应符合分析方法要求。

有机氯农药分析要做 p,p'-DDT 降解检查。在样品分析前，分析只含 p,p'-DDT 的标准溶液，分解成 DDE 和 DDD 的降解率要小于 20%，否则应对仪器进样系统进行维护，直到满足要求为止。分解率按下式计算：

$$DDT\% = \frac{（DDE + DDD）的检出量（ng）}{DDT的进样量（ng）} \times 100$$

色谱仪在对样品进行定性分组鉴定时，一般将样品与标准物质的保留时间进行比较，组分的保留时间在 1～5 min 时，时间窗设定为±3 s，组分的保留时间在 5～15 min 或更长时间，时间窗口设定为保留时间±3%。

BFB 调谐各离子峰及强度要求见表 2-4。

表 2-4　BFB 关键离子丰度标准

质荷比（m/z）	离子丰度标准	质荷比（m/z）	离子丰度标准
50	95 质量数的 15%～40%	70	小于 69 峰的 2%
75	95 质量数的 30%～90%	127	198 峰的 40%～60%
95	基峰，100%相对丰度	197	小于 198 峰的 1%
96	95 质量数的 5%～9%	198	基峰，丰度 100%
173	小于质量 174 的 2%	199	198 峰的 5%～9%
174	95 质量数的 50%～100%	275	基峰的 10%～30%
175	174 质量数的 5%～9%	365	大于基峰的 1%
176	174 质量数的 95%～101%	441	存在且小于 443 峰
177	176 质量数的 5%～9%	442	大于 198 峰的 40%
51	198 峰（基峰）的 30%～60%	443	442 峰的 17%～23%
68	小于 69 峰的 2%		

对无标准物质的化合物的定性分析要在质谱仪上进行。与标准谱库中比对确定化合物时，标准质谱图要有相对离子丰度高于 10%以上所有离子质谱图，标准和样品谱图之间上述特定离子的相对强度要在 20%之内。若样品谱图中存在相对离子丰度高于 10%的离子，但标准谱图中不存在，可能存在干扰，可以扣除背景干扰后再进行谱库检索，提高匹配度。

（6）定量质量控制

用校准曲线来定量目标化合物，目标化合物的浓度不得超过校准曲线的上限，超过初始校准曲线上限的样品应稀释后重新分析。校准曲线法可选用外标校准和内标校准两种方法。采用外标校准曲线法时，配制 5 个浓度水平的待测标准溶液，低浓度应接近或略大于检出限。采用内标校准曲线法时配制含恒定内标物质的 5 个浓度水平的待测标准溶液，低浓度也应接近或略大于检出限。标准溶液浓度在 mg/L 范围时，其相关系数应大于 0.995；溶液浓度在 μg/L 范围时，其相关系数应大于 0.990。

用标准曲线法定量，每天分析样品前，均需作连续校准。具体方法为：每次分析样品前用校准曲线的一个浓度点（一般选用中间浓度点）进行分析测定，检查仪器响应的稳定性。如果连续校准（CC）每种化合物的 RF 值（或 CF 值）百分漂移值≤30%，就可以用初始校准的回归方程或者初始校准的（$\overline{RF}$、$\overline{CF}$）值定量分析样品，否则重新校准。公式如下：

$$漂移值\% = \frac{RF_c - RF_i}{RF_i} \times 100$$

式中：RF_c——CC 的响应因子；

　　　　RF_i——最近一次初始校准曲线的平均响应因子。

内标法的方法空白和样品中每个内标的峰面积要在同批 CC 中内标峰面积的 −50%～+100%。方法空白和样品中每个内标的保留时间与在 CC 中相应内标保留时间偏差在 0.50 min 以内。目标化合物的相对保留时间（RRT）要在 0.06RRT 单位内。外标法中连续两次 CC 目标化合物的保留时间偏差在 0.50 min 以内。

$$RRT = \frac{目标化合物的保留时间}{相关联的内标化合物的保留时间}$$

方法空白试验是在不加样品情况下，按分析全过程操作步骤进行。无机分析每一批样品，应同时分析 2 个方法空白。有机分析每批样品（1 批中最多有 20 个样品）至少带 1 个方法空白。试剂更换时应进行方法空白试验。在仪器连续校准（CC）之后，样品分析之前应进行 1 个方法空白。方法空白中检出每个目标化合物的浓度不得超过方法的检出限。有恒定的低于方法检出限的空白值，可以扣除空白值进行计算。

（7）分析方法确认

分析方法经过检出限、准确度、精密度验证后，方可采用。持久性有机污染物的预处理方法，必须经过加标回收试验，符合特定要求后方可用于样品分析。

① 方法检出限

有机项目连续分析 7 个接近于检出限浓度的实验室空白加标样品，计算标准偏差 S。方法检出限按下式计算：

$$D_L = S \cdot t_{(n-1, 0.99)}$$

式中：$t_{(n-1, 0.99)}$——置信度为 99%、自由度为 $n-1$ 时的 t 值；

n——重复分析的样品数，$n=7$ 时，t 可取 3[样品数为 7 时，在 99%的置信度时 $t_{(6, 0.99)} = 3.143$]。

对于针对多组分的分析方法，一般要求至少有 50%的被分析物样品浓度在计算出的方法检出限的 3～5 倍范围内；同时，至少 90%的被分析物样品浓度在计算出的方法检出限的 1～10 倍范围内，其余不多于 10%的被分析物样品浓度不应超过计算出的方法检出限的 20 倍。若满足上述条件，说明用于测定 MDL 的初次样品浓度比较合适。对于初次加标样品测定平均值与 MDL 比值不在 3～5 的化合物，要增加或减少浓度，重新进行平行分析，直至比值在 3～5。选择比值在 3～5 的 MDL 作为该化合物的 MDL。

② 分析方法的准确度与精密度

分析方法的准确度与精密度通过土壤基体加标或基体加标平行的回收率来控制，本书给出了美国 EPA 质控体系参考指标（表 2-5）。

若样品中添加替代物，替代物回收率应符合表 2-6 要求。

表 2-5　土壤中基体加标或基体加标平行的回收率质控指标（EPA）

化合物种类	化合物	MS/MSD 的相对偏差/%	回收率/%
VOC	1,1-二氯乙烯	22	59～172
	三氯乙烯	24	62～137
	氯苯	21	60～133
	甲苯	21	59～139
	苯	21	66～142
氯苯类	1,2,4-三氯苯	23	38～107
	1,4-二氯苯	27	28～104
硝基苯类	2,4-二硝基甲苯	47	28～89
邻苯二甲酸酯类	邻苯二甲酸二丁酯	47	29～135
酚类	2-氯酚	50	25～102
	4-氯-3-甲酚	33	26～103
	五氯酚	47	17～109
	4-硝基酚	50	检出～114

化合物种类	化合物	MS/MSD 的相对偏差/%	回收率/%
多环芳烃	苊	19	31~137
	芘	36	35~142
胺类	N-亚硝基正丁胺	38	41~126
	γ-六六六	50	46~127
	七氯	31	35~130
杀虫剂	艾氏剂	43	34~132
	狄氏剂	38	31~134
	异狄氏剂	45	42~139
	p,p'-DDT	50	23~134

注：MS/MSD——基体加标或基体加标平行样。

表 2-6　土壤中替代物回收率允许标准（EPA）

替代物	替代的目标化合物	回收率范围/%
4-溴氟苯	VOC 化合物	74~121
硝基苯-d_5	硝基苯、硝基酚、萘等 12 种化合物	23~120
2-氟联苯	三氯酚、二硝基甲苯、苊等 19 种化合物	30~115
三联苯-d_{14}	苯并[a]蒽、芘、丁基苯基酞酸酯等 6 种化合物	18~137
苯酚-d_6	氯酚、甲酚、苯甲醛等 10 种化合物	24~113
2-氟酚	氯酚、甲酚、苯甲醛等 10 种化合物	25~121
2,4,6-三溴酚	六氯苯、阿特拉津、五氯酚等 11 种化合物	19~122
二丁基氯菌酸酯	杀虫剂	20~150

2.6.4　数据处理与报出

　　分析数据应按照方法检出限及《数值修约规则》（GB 8170）修约，结果只保留 1 位可疑数字。准确量取液体时，有效数字可以记录到小数点后第 2 位。表示测量结果的精密度一般只取 1 位有效数字，最多取 2 位有效数字。

　　准确度通常用样品加标回收或有证参考物质评价。精密度是以相对偏差来表示，有限次测量的精密度是以标准偏差（S）来表示。精密度时与以下几方面因素有关：① 待测组分的含量；② 实验条件；③ 测量次数。实验结果的统计量标准偏差（S）越小，表明结果的精密度越高。

　　经验上，通过统计学计算在检出限附近，置信因子 K 取 3 时，根方根误差 [RSD（%）] 理论上为 33%，置信因子 K 取 2 时，RSD 为 50%。实验表明当测量浓度是检出限浓度 10 倍时，RSD 约为 10%；100 倍时，RSD 约为 5%；1 000 倍时，RSD 约为 1%。

第3章　土壤优控物前处理方法

3.1　优控有机物的提取方法

3.1.1　土壤有机物的索氏提取

（1）适用范围和原理

适用于非挥发性或半挥发性有机化合物的程序，当物质受热易分解或萃取剂沸点较高时，不宜用此种方法。适用于样品制备时不溶于水和微溶于水有机物的分离与浓缩。

索氏提取是利用有机溶剂回流及虹吸原理，使土壤或底泥等固体物质连续不断地被纯溶剂萃取。

（2）试剂和材料

除非另有说明，分析时均使用符合国家标准的分析纯化学试剂，实验用水为新制备的去离子水或蒸馏水。

干燥剂　无水硫酸钠（Na_2SO_4，分析纯），或粒状硅藻土。400℃焙烧 2 h，然后将温度降至 100℃，关闭电源转入干燥器中，冷却后装入试剂瓶中密封，保存在干燥器中，如果受潮需再次处理。或用二氯甲烷提取净化，并对二氯甲烷萃取液进行检查证明干燥剂无目标化合物或其他干扰有机物。

有机溶剂　丙酮、正己烷、二氯甲烷、正己烷、乙酸乙酯、环己烷或其他等效有机溶剂均为农残同等级，在使用前应先进行排气。

空白样品　河砂或石英砂，400℃焙烧 2 h，然后将温度降至 100℃，关闭电源转入干燥器中，冷却后装入试剂瓶中密封，保存在干燥器中，如果受潮需再次处理。或用二氯甲烷提取净化，并对二氯甲烷萃取液进行检查证明干燥剂无目标化合物或有机物干扰。

注：① 土壤含水率高的样品提取应使用下列溶剂组合中的一种：

丙酮/己烷（1∶1）（V/V），CH_3COCH_3/C_6H_{14}。

二氯甲烷/丙酮（1∶1）（V/V），CH_2Cl_2/CH_3COCH_3。

②其他土壤样品应使用以下溶剂提取：

二氯甲烷，CH_2Cl_2。

甲苯/甲醇（1∶1）（*V/V*），$C_6H_5CH_3/CH_3OH$。

③交换溶剂——所有的溶剂均为农残同等级。

己烷，C_6H_{14}。

2-丙醇，$(CH_3)_2CHOH$。

环己酮，C_6H_{12}。

乙腈，CH_3CN。

（3）仪器和设备

索氏提取器　内径 40 mm，带 500 ml 的圆底烧瓶，能够在 1 h 内通过虹吸循环 4～6 次。

沸石　溶剂提取时使用，约 10/40 目（碳化硅或同等类型）。

水浴锅　加热用，有同心环盖，可控温（±5℃）。水浴应在通风橱内使用。

样品瓶　玻璃质，容量为 2 ml，具有聚四氟乙烯（PTFE）线型螺纹盖或顶端卷曲。

玻璃或纸质套管或玻璃棉　无污染物质。

加热套　可控温。

吸管和烧瓶　一次性玻璃巴氏吸管和烧瓶。

电子天平　精确至 0.01 g。

研钵　玻璃或玛瑙材质。

仪器　一般实验室常用仪器。

（4）操作步骤

①样品处理。土壤样品需弃去树枝、树叶和石头等异物，充分混匀、研磨成细颗粒。沉积物样品需弃去上部水层，充分混匀、研磨成细颗粒。

②测试干重百分比。在以干基计算分析结果时，应在称取分析测试用样品的同时称取另一份样品用于计算干重的百分比。

警告： 当干燥严重受污染的样品时，可能会导致严重的实验室污染。干燥炉应置于通风橱中或在通风环境中。

称取用于提取的样品后，立即称取 5～10 g 样品置于空坩埚中。将此份样品于 105℃烘干至恒重，置于干燥器中冷却，以备称量。以下述公式计算干重百分比：

$$干重（\%）＝干重（g）/样品重（g）×100$$

经干燥炉干燥的样品不用于提取，待测量干重后，妥当处理。具体操作步骤和要求详见 HJ 613—2011。

③ 取 10 g 土壤样品与 10 g 无水硫酸钠混合后，放入提取套管中。提取过程中，务必保证溶剂能由套管自由流出。

④ 将 300 ml 的提取溶剂加入 500 ml 圆底烧瓶中，放入 1~2 粒沸石。将烧瓶连接到提取器上，按 4~6 个/h 的循环速度提取 16~24 h。

⑤ 提取完成后，冷却提取物，小心转移出来进行浓缩。

（5）质量控制

试剂空白 所使用的有机试剂均应浓缩后（浓缩倍数视分析过程中最大浓缩倍数而定）进行空白检查，试剂空白测试结果中目标化合物的浓度应低于方法检出限。

全程序空白 每批样品（不超过 20 个样品）做一个空白试验，前处理条件或试剂变化时均要重新做全程序空白，全程序空白测定结果中目标物检出浓度应不超过方法检出限。全程序空白中也应加入替代物，以检查提取效果和干扰。

基体加标 每批样品按照方法要求做一对实际基体样品加标。

（6）注意事项

① 提取过程中应检查温度是否达到溶剂沸点，并观察回流次数是否达到要求，如果回流次数太少会直接影响提取效果，见图 3-1。

② 注意加热器控温应稳定，超过设定温度可能会使溶剂蒸干，导致溶样品提取失败。

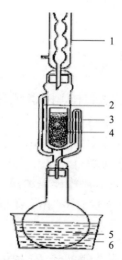

图 3-1 样品的提取

1——冷凝管；2——索氏提取管；3——虹吸回流管

4——提取物及套管；5——圆底烧瓶；6——加热水浴

3.1.2　土壤有机物的自动索氏提取

（1）适用范围及原理

适用于提取不挥发性或半挥发性有机化合物方法程序，当物质受热易分解和萃取剂沸点较高时，不宜用此种方法。适用于样品制备时不溶于水和微溶于水的有机物的分离与浓缩。

基本原理是将装有样品的套管直接浸入沸腾的溶剂中将有机物提取出来，然后将套筒自动提起使溶剂和样品分离，如果需要可以继续加热溶剂起到浓缩的作用。

（2）试剂及材料

除非另有说明，分析时均使用符合国家标准的分析纯化学试剂，实验用水为新制备的去离子水或蒸馏水。

干燥剂　无水硫酸钠（Na_2SO_4），分析纯，或粒状硅藻土。

400℃焙烧 2 h，然后将温度降至 100℃，关闭电源转入干燥器中，冷却后装入试剂瓶中密封，保存在干燥器中，如果受潮需再次处理。或用二氯甲烷提取净化，并对二氯甲烷萃取液进行检查证明干燥剂无目标化合物或有机物干扰。

空白样品　河砂或石英砂，处理方法同上。

有机溶剂　丙酮、正己烷、二氯甲烷、正己烷、乙酸乙酯、环己烷或其他等效有机溶剂均为农残同等级，在使用前应先进行排气。

注：① 土壤含水率高的样品提取应使用下列溶剂组合中的一种：

丙酮/己烷（1:1）（V/V），CH_3COCH_3/C_6H_{14}。

二氯甲烷/丙酮（1:1）（V/V），CH_2Cl_2/CH_3COCH_3。

② 其他土壤样品应使用以下溶剂提取：

二氯甲烷，CH_2Cl_2。

甲苯/甲醇（1:1）（V/V），$C_6H_5CH_3/CH_3OH$。

③ 交换溶剂—所有的溶剂均为农残同等级。

己烷，C_6H_{14}。

2-丙醇，$(CH_3)_2CHOH$。

环己烷，C_6H_{12}。

乙腈，CH_3CN。

（3）仪器和设备

自动索氏提取装置　配有温控器、加热板和样品套筒，能够自动控制步骤操作。

沸石 溶剂提取时使用，约 10/40 目（碳化硅或同等类型）。

玻璃或纸质套管或玻璃棉 无污染物质。

吸管和烧瓶 一次性玻璃巴氏吸管和烧瓶。

电子天平 精确至 0.01 g。

研钵 玻璃或玛瑙材质。

仪器 一般实验室常用仪器。

（4）萃取步骤

① 土壤样品处理

土壤样品需弃去树枝、树叶和石头等异物，充分混匀、研磨成细颗粒。沉积物样品需弃去上部水层，充分混匀、研磨成细颗粒。

空白样品用石英砂代替。

② 样品提取

准确称取 10 g 的待测样品置于自动索氏专用的套筒内，放入仪器中，在萃取杯中加入 50 ml 萃取溶剂，使套筒中的样品浸入萃取溶剂中，按自动索氏提取仪操作程序及要求，设置萃取各项条件，待初始萃取结束后，把套筒提起、淋洗、浓缩。取出萃取杯，收集萃取液，并用萃取剂少量多次荡洗，将萃取液合并。萃取条件见表 3-1。

表 3-1 自动索氏萃取条件，根据提取有机物设定

分析对象	溶 剂	自动索氏条件（时间、温度）	回收率	变异系数
多环芳烃（PAH）	己烷：丙酮 50 ml（1：1）	提取：60 min；100℃ 淋洗：60 min；100℃	75.5%～90.3%	5.7%～9.2%
取代苯酚类	己烷：丙酮 50 ml（1：1）	提取：60 min；90℃ 淋洗：60 min；90℃	65.4%～80.4%	4.7%～15.8%
邻苯二甲酸酯类	己烷：丙酮 50 ml（1：1）	提取：60 min；100℃ 淋洗：60 min；100℃	70.6%～95.6%	3.0%～9.7%
有机氯农药	己烷：丙酮 50 ml（1：1）	提取：60 min；105℃ 淋洗：60 min；105℃	55.5%～90.3%	5.2%～10.1%
有机磷农药	己烷：丙酮 50 ml（1：1）	提取：60 min；100℃ 淋洗：60 min；100℃	57.8%～87.9%	3.9%～7.1%
多氯联苯（PCBs）	己烷：丙酮 50 ml（1：1）	提取：60 min；105℃ 淋洗：60 min；105℃	56.0%～98.6%	2.7%～10.6%
多种有机物	己烷：丙酮 50 ml（1：1）	提取：60 min；105℃ 淋洗：60 min；105℃	42.2%～109%	1.5%～25.9%

同时根据质量控制要求，做空白样品、空白加标、样品平行，根据实际需要确定是否做样品加标。

③ 萃取液过滤、浓缩

萃取完成后，待萃取液降至室温后，进行萃取液的除水过滤：在玻璃漏斗上垫上一层玻璃棉或玻璃纤维滤膜，铺加约 5 g 无水硫酸钠，将萃取液经上述漏斗直接过滤到浓缩管中，用少量萃取剂多次洗涤萃取容器和滤残留物，合并至浓缩管中。

④ 浓缩、定容

根据提取有机物的种类不同，进行溶剂替换及浓缩至 1.0 ml，转移至样品瓶中，待分析。

（5）质量控制

① 样品萃取前应检查保证所有有关的容器、设备和溶剂空白没有目标物干扰存在。

② 邻苯二甲酸酯类化合物是实验室中常见的污染物，本实验应避免使用塑料制品，实验室本底应低于该实验室的方法测定下限。如果不能实行严格的一致的空白质控，可能会带来严重的酞酸酯污染。

③ 洗涤剂和皂液等碱性物质残留会造成某些待测物的降解，例如艾氏剂、七氯及大多数有机磷农药，因此应注意将所有玻璃器皿彻底冲洗。

④ 每批样品均应做一个全程序空白，全程序空白样品选用提取过的洁净的河砂或土壤样品等，所有空白样品均应加入替代标准物。

⑤ 如果溶剂、温度和压力等条件改变，需要重新进行空白、提取效率等实验。

⑥ 每批样品需至少做一对基体加标样品，其他质量控制要求按目标物的分析方法及有关质控要求进行。

（6）注意事项

注意加热器控温应稳定，超过设定温度可能会使溶剂蒸干，导致样品提取失败。

3.1.3　土壤有机物的微波萃取

（1）适用范围及原理

微波萃取是对土壤中的有机物（包括稠环芳香碳氢化合物、取代苯酚类化合物、邻苯二甲酸酯类化合物、有机氯农药、有机磷以及多氯联苯等）提取处理，适用于提取土壤中的有机物。

基本原理是微波射线自由透过透明的萃取介质，深入样品基体内部，由于不同物质的 tanδ 值不同，对微波能的吸收程度也不同。经过微波对体系不同组分进行选择性加热，使目标化合物从基体或体系中分离出来，进入萃取溶剂中。

（2）试剂及材料

除非另有说明，分析时均使用符合国家标准的分析纯化学试剂，实验用水为新制备的去离子水或蒸馏水。

干燥剂　无水硫酸钠（Na_2SO_4），分析纯，或粒状硅藻土。

400℃焙烧 2 h，然后将温度降至 100℃，关闭电源转入干燥器中，冷却后装入试剂瓶中密封，保存在干燥器中，如果受潮需再次处理。或用二氯甲烷提取净化，并对二氯甲烷萃取液进行检查证明干燥剂无目标化合物或有机物干扰。

空白样品　河砂或石英砂，处理方法同上。

有机溶剂　丙酮、正己烷、二氯甲烷、乙酸乙酯、环己烷或其他等效有机溶剂均为农残同等级，在使用前应先进行排气。

（3）仪器和设备

微波萃取装置　具有压力和温度传感器，温度传感器的精度为±2℃，压力传感器保证样品杯内的溶剂在达到警戒值时自动泄压；配有耐高温高压（至少200℃、1 380 kPa）、无污染的可传递微波能力特殊材质的萃取杯，容积满足 1～10 g 样品提取。

专用过滤器　配有 4μm 有机系滤膜。

电子天平　精确至 0.01 g。

研钵　玻璃或玛瑙材质。

仪器　一般实验室常用仪器。

（4）萃取步骤

① 土壤样品处理

样品制备——除去枝棒、叶片、石子等异物，将所采全部样品完全混匀，用硅藻土将样品拌匀，直至样品呈散粒状。不挥发目标物的提取，可将样品自然干燥，然后于玻璃研钵中研细，过 1 mm 筛子使样品均匀化，装棕色玻璃瓶待用。空白基体用石英砂代替。

② 样品提取

准确称取一定量（通常情况下为 5 g）的待测样品，置于微波专用萃取杯内，加入适量的萃取溶剂（不超过 30 ml）。按微波制样要求，把装有样品的萃取杯放到转盘中，并将其置于微波仪中，设置萃取温度和萃取时间，加热萃取。萃取结束后，待仪器显示萃取杯已冷却至室温，再取出转盘，依次取出萃取杯（注意样品顺序），放入专用杯架中。萃取条件见表3-2。

表 3-2　目标化合物微波萃取条件及萃取结果

分析对象	溶剂	微波条件（时间、温度）	回收率*	变异系数*
多环芳烃（PAH）	己烷：丙酮 30 ml（1：1）	15 min；100℃	80.0%～110%	2.1%～4.5%
苯酚类	己烷：丙酮 30 ml（1：1）	20 min；90℃	50.0%～106%	2.0%～10.0%
邻苯二甲酸酯类	己烷：丙酮 30 ml（1：1）	20 min；100℃	80.4%～105%	0.3%～1.2%
有机氯农药	己烷：丙酮 30 ml（1：1）	20 min；110℃	42.6%～115%	0.5%～8.8%
有机磷农药	己烷：丙酮 30 ml（1：1）	15 min；110℃	45.7%～90.0%	3.2%～5.9%
多氯联苯（PCBs）	己烷：丙酮 30 ml（1：1）	20 min；90℃	56.2%～94.0%	0.2%～3.6%
半挥发性有机物	己烷：丙酮 30 ml（1：1）	15 min；100℃	40.5%～121%	0.2%～24.0%

*单一实验室验证数据，仅供参考。

③ 萃取液过滤

若萃取液中没有水分，不需要干燥。将溶剂小心移出，经 4μm 有机相滤膜过滤，用少量溶剂反复冲洗样品，一并进行过滤。收集全部萃取液待浓缩。

如果萃取液含有水分，萃取完成后，待萃取液降至室温后，进行萃取液的除水过滤：在玻璃漏斗上垫上一层玻璃棉或玻璃纤维滤膜，铺加约 5 g 无水硫酸钠，将萃取液经上述漏斗直接过滤到浓缩管中，用少量萃取剂多次洗涤萃取容器和滤残留物，合并至浓缩管中进行后续的浓缩和分析。

（5）质量控制和质量保证

① 样品萃取前应检查确认所有使用的器皿和试剂均不存在目标化合物及其干扰物。

② 每批（不超过 20 个）样品应至少做一个全程序空白。全程序空白样品选用河砂或石英砂，并根据目标化合物分析方法要求加入替代物。

③ 每批样品（不超过 20 个）应至少做一对实际样品加标分析测定。

④ 其他质量保证和质量控制措施应按照目标化合物的分析方法标准或技术规范及有关质控要求进行。

⑤ 邻苯二甲酸酯类化合物是实验室中常见的污染物，本实验应避免使用塑料

制品，实验室本底应低于该实验室的方法测定下限。如果不能实行严格的一致的空白质控，可能会带来严重的酞酸酯污染。

⑥ 洗涤剂和皂液等碱性物质残留会造成某些待测物的降解，例如艾氏剂、七氯及大多数有机磷农药，因此应注意将所有玻璃器皿彻底冲洗。

⑦ 如果溶剂、温度和压力等条件改变，空白实验、提取效果实验等需要重新进行。

（6）注意事项

① 样品的加入量和加入溶剂量一定按照说明书要求，保证加热后总体积不能超出萃取杯的容积。

② 设置温度应严格按照说明书，对照不同溶剂选择最佳温度。

3.1.4 土壤有机物的加压流体萃取法

（1）适用范围

本方法规定了土壤中有机物的加压流体萃取提取方法。

本方法适用于土壤中有机磷农药、有机氯农药、氯代杀虫剂、多环芳烃类和多氯联苯类等半挥发性和不挥发性有机物的提取。如果通过验证，其他有机物也可使用本方法。

（2）规范性引用文件

本方法内容引用了下列文件或其中的条款。凡是不注明日期的引用文件，其有效版本适用于本方法。

HJ/T 166—2004 土壤环境监测技术规范。

（3）方法原理

将土壤样品加入密闭容器中，仪器通过泵自动加入合适的有机溶剂，并在加压、加热条件下对样品中的有机物进行萃取，然后将萃取液自动压至接收瓶中，待测。

加压的主要目的是阻止有机溶剂在高温下沸腾，使其处于液态，并和实际样品充分接触。加热可以破坏溶剂和基质之间由于范德华力、氢键等引起的强吸引力，减少溶剂的黏性和表面张力，使溶剂能够更好地渗透到基质里，从而达到快速、有效地萃取基质中的目标化合物。

（4）试剂和材料

除非另有说明，分析时均使用符合国家标准的分析纯化学试剂，实验用水为新制备的、不含有机物的去离子水或蒸馏水。

有机溶剂　丙酮、正己烷、二氯甲烷或其他等效有机溶剂均为农药残留分析纯级，在使用前应先进行排气。

磷酸溶液　H_3PO_4：H_2O（1：1，*V/V*）。

用 85% 的磷酸（1.69 g/ml）和水配制成体积比为 1：1 的磷酸溶液。

干燥剂　粒状硅藻土或其他等效干燥剂。

使用前应对干燥剂进行净化处理，具体方法为：将其放在浅钵中，于 400℃ 下烘烤 4 h，或用有机溶剂进行提取净化，使用前需验证其中不存在干扰物。

河砂或石英砂　20～30 目。在使用前需进行净化，方法同上。

高纯氮气　纯度≥99.999%。

（5）仪器和设备

装置　加压流体萃取装置。

萃取池　由不锈钢材质或其他可耐 2 000 psi 压力的材料制成。

烘箱　通风并能保持 105℃±5℃。

坩埚　瓷坩埚或铝坩埚。

土壤筛　孔径 1 mm。

电子天平　精度为 0.01 g。

接收瓶　40 ml、60 ml 或其他规格，玻璃瓶（空心螺纹盖，聚四氟乙烯或硅氧烷密封垫）。

专用滤膜　玻璃纤维滤膜。

专用漏斗　金属材质。

冰柜　制冷温度可至-20℃左右。

研钵　由玻璃、玛瑙或其他无干扰物的材质制成。

仪器　一般实验室常用仪器。

（6）样品

① 样品的采集和保存

参照 HJ/T 166—2004 的相关规定进行土壤样品的采集和保存。

用有机溶剂清洗洁净、不存在干扰物的具塞棕色玻璃瓶，采集土壤样品，运输过程中应密封避光、冷藏保存，尽快运回实验室进行分析，途中避免干扰的引入或样品的破坏。如暂不能分析应在 4℃ 以下冷藏保存，用于测定半挥发性有机物的样品保存时间为 10 d，用于测定不挥发性有机物的样品保存时间为 14 d。

② 试样的制备

脱水　将样品放在搪瓷盘或不锈钢盘上，混匀，除去枝棒、叶片和石子等异物。依据目标化合物的性质，样品的脱水方式可选择以下三种不同的方式：第一，在室温条件下，避光、风干用于测定不挥发性有机物（如多氯联苯等）的新鲜样品。风干脱水方法不适用于处理易挥发的有机氯农药（如六六六）。第二，使用冻干方式对样品进行脱水。第三，用硅藻土将样品干燥至散粒状，该方法一般应在样品称量后进行（称取适量的新鲜样品，加入一定量的硅藻土脱水后研磨，充分拌匀直到散粒状约 1 mm）。

但要注意：所有样品均不能使用烘箱干燥脱水；如果土壤样品存在明显的水相，应先进行离心分离，再选择上述合适的方式进行脱水处理。

均化 将风干或冻干脱水后的样品进行研磨、过筛，均化处理成约 1 mm 的颗粒；称取适量的新鲜样品，加入一定量的硅藻土脱水后研磨，充分拌匀直到散粒状（约 1 mm）。

水分的测定 取 5 g（精确至 0.01 g）样品在 105℃±5℃下干燥至少 6 h，以烘干前后样品质量的差值除以烘干前样品的质量再乘以 100，计算样品含水率 f（%），精确至 0.1%。

（7）萃取步骤

① 萃取前准备

取洗净的萃取池，在其底部放置专用滤膜，盖好底盖并拧紧。然后将萃取池垂直放在水平台面上，顶部放上专用漏斗，将已称量过的适量试样小心放入专用漏斗中。待试样全部转移至萃取池后，移去漏斗，再盖好顶盖并拧紧（试样不应粘在萃取池螺纹上或洒落）。竖直拿起萃取池，再次拧紧萃取池两端的盖子，然后将萃取池垂直放入快速溶剂萃取装置样品盘中。再与每个萃取池对应位置上放置干净的接收瓶。一般情况下接收瓶的大小应该是萃取池容积的 0.5～1.4 倍。

一般情况下，11 ml 萃取池可装 10 g 试样，22 ml 萃取池可装 20 g 试样，33 ml 萃取池可装 30 g 试样。称取试样量取决于后续使用的分析方法灵敏度，一般土壤试样在 10～30 g。

注：装入试样后的萃取池应保证留有少量空间（0.5 cm 左右），若萃取池空余空间大于 0.5 cm，应加入适量河砂或石英砂。

② 溶剂的选择

本方法依据目标化合物的不同，推荐使用以下溶剂：

有机磷农药 二氯甲烷，或丙酮-二氯甲烷（1:1，*V*/*V*）。

有机氯农药 丙酮-正己烷（1:1，*V*/*V*），或丙酮-二氯甲烷（1:1，*V*/*V*）。

氯代杀虫剂 丙酮-二氯甲烷-磷酸溶液（250:125:15，*V*/*V*/V）。

多环芳烃类 丙酮-正己烷（1:1，*V*/*V*）。

多氯联苯　丙酮-正己烷（1∶1，V/V），或丙酮-二氯甲烷（1∶1，V/V），或正己烷。

半挥发性有机物　丙酮-二氯甲烷（1∶1，V/V），或丙酮-正己烷（1∶1，V/V）。

③ 萃取条件

载气压力　0.8～1.03MPa。

加热温度　100℃。

压力　1 200～2 000psi，约合 8.3～13.8MPa。

预加热平衡　5 min。

静态萃取时间　6～15 min。

淋洗体积　60%池体积。

氮气吹扫时间　60 s。

静态萃取次数　1～2 次。

编辑萃取方法和样品序列，启动方法程序进行样品萃取。萃取结束后，依次取下接收瓶，萃取液待进行后续分析。待萃取池冷却后，取下萃取池进行清洗。

注：可根据萃取池体积适当增加吹扫时间以便彻底淋洗样品。

（8）质量保证和质量控制

① 样品萃取前应检查确认所有使用的器皿和试剂均不存在目标化合物及其干扰物。

② 每批（不超过 20 个）样品应至少做一个全程序空白。全程序空白样品选用河砂或石英砂，并根据目标化合物分析方法要求加入替代物。

③ 每批样品（不超过 20 个）应至少做一对实际样品加标分析测定。

④ 其他质量保证和质量控制措施应按照目标化合物的分析方法标准或技术规范及有关质控要求进行。

（9）注意事项

① 萃取过程会释放出有机物蒸汽，应将仪器置于通风橱内，以防污染实验室环境。

② 萃取过程中，不可使用自燃点在 40～200℃的萃取溶剂（如二硫化碳、乙醚和 1,4-二氧杂环己烷）。

③ 有机溶剂传感器的错误提示一般由溶剂泄漏引起，此时，应仔细检查萃取池是否密封好，或密封垫是否失效。

④ 当倾倒萃取过的土壤及清洗萃取池时，应避免萃取池内壁出现划痕而影响萃取效果。

⑤ 使用过的萃取池应进行彻底清洗，以免造成样品交叉污染和堵塞萃取池内

金属滤盘。具体清洗方法为：将萃取池全部拆开，在超声波清洗器中依次用热水和有机溶剂分别将其彻底清洗干净。

⑥ 若在萃取氯代杀虫剂时使用了磷酸溶液，应用丙酮将仪器的所用管线冲洗干净。

⑦ 当溶剂、温度和压力等萃取条件改变时，实际样品的萃取效果应进行实验验证。

⑧ 本方法中所使用的有机溶剂和标准物质均为易挥发的有毒化合物，配制过程应在通风橱中进行，操作时应按规定要求佩戴防护器具，避免接触皮肤和衣物。

3.2 优控有机物的净化方法

3.2.1 硅胶柱净化方法

（1）适用范围及原理

硅胶是一种具有弱酸性的无定形二氧化硅的可再生吸附剂，属非晶态物质，其化学分子式为 $m\text{SiO}_2 \cdot n\text{H}_2\text{O}$。不溶于水和任何溶剂，无毒无味，化学性质稳定，除强碱、氢氟酸外不与任何物质发生反应。可以使用硅酸钠和硫酸制备获得。硅胶用作柱色谱的吸附剂，用于从不同化学极性的干扰化合物中分离待测物，也可用于含多环芳烃化合物或衍生的酚类化合物等样品的提取液的净化。

分离原理是在不同极性溶剂的流动作用下，根据物质在吸附柱上的吸附力的不同并而被分离，极性较强的物质易被硅胶吸附，极性较弱的物质不易被硅胶吸附，整个层析过程是吸附、解析、再吸附、再解析的过程。

（2）试剂和材料

除非另有说明，分析时均使用符合国家标准的分析纯化学试剂，实验用水为新制备的、不含有机物的去离子水或蒸馏水。

有机溶剂 丙酮、正己烷、二氯甲烷或其他等效有机溶剂均为农药残留分析纯级，在使用前应先进行排气。

硅胶 100 或 200 目。将硅胶在 150～160℃加热数小时进行活化处理，用于碳氢化合物的分离，然后进行脱活处理，使之含有 10%～20%的水。脱活后的硅胶在使用之前，应在一个浅玻璃盘中于 130℃再次活化至少 16 h，活化中用金属箔覆盖。

无水硫酸钠（优级纯） 粒状（在浅盘中于 400℃加热 4 h 纯化）。

（3）仪器和设备

层析柱　300 mm×10 mm 内径，底部有硬质玻璃棉和聚四氟乙烯活塞。

烧杯　500 ml。

试剂瓶　500 ml。

马弗炉　温度可调控，±2℃。

锥形烧瓶　50 ml 和 250 ml。

仪器　一般实验室常用仪器。

（4）硅胶柱制备及净化的步骤

① 多环芳烃类化合物的净化

将萃取液浓缩至 2.0 ml，并用环己烷完成溶剂置换。

向加入 10 g 活性硅胶的 10 mm 的层析柱内加入二氯甲烷，液面高于硅胶层。轻敲层析柱使硅胶填实，并放出二氯甲烷，再向硅胶顶端加入 1～2 cm 的无水硫酸钠。

用 40 ml 戊烷预洗柱，洗脱速率约为 2 ml/min。弃去淋洗液，在硫酸钠层即将暴露于空气之前，立即定量转移 2 ml 以环己烷萃取的样品提取液至柱上，并另加 2 ml 环己烷。在硫酸钠层将暴露于空气之前，加 25 ml 戊烷并继续洗脱柱，弃去戊烷淋洗液。

用 25 ml 二氯甲烷/戊烷（2∶3）（V/V）洗脱柱并收集于浓缩瓶，浓缩所收集的组分至上机分析所需定量体积。

② 酚类衍生物的净化

由五氟苄基溴衍生化的萃取液应浓缩至 2.0 ml 的正己烷中。

将 4 g 活性硅胶加入内径 10 mm 的层析柱内，轻敲层析柱使硅胶填实并在硅胶的顶部加入 2 g 无水硫酸钠。

以 6 ml 正己烷预洗柱，淋洗速度应控制在 2 ml/min，弃去淋洗液，并在硫酸钠层将暴露于空气之前，吸移 2 ml 含有衍生样品的正己烷溶液于柱上。用 10 ml 的正己烷淋洗并弃去淋洗液。

以如下溶液依次淋洗柱：10 ml 含 15%甲苯的正己烷溶液（第 1 级分）；10 ml 含 40%甲苯的正己烷溶液（第 2 级分）；10 ml 含 75%甲苯的正己烷溶液（第 3 级分）和 10 ml 含 15%异丙醇的甲苯溶液（第 4 级分）。所有的洗脱液混合物都按体积比配制。酚类衍生物的淋洗模式列于表 3-3。根据欲测定的特定酚类或干扰物浓度，可以按需混合级分。

表 3-3　PFBB 衍生物的硅胶分离

化合物	级分*的百分回收率/%			
	1	2	3	4
2-氯苯酚		90	1	
2-硝基苯酚			9	90
苯酚		90	10	
2,4-二甲基苯酚		95	7	
2,4-二氯苯酚		95	1	
2,4,6-三氯苯酚	50	50		
4-氯-3-三甲苯酚		84	14	
五氯苯酚	75	20		
4-硝基酚			1	

*洗脱物成分：级分 1——含 15%甲苯的正己烷溶液；级分 2——含 40%甲苯的正己烷溶液；级分 3——含 75% 甲苯的正己烷溶液；级分 4——含 15%异丙醇的甲苯溶液。

③ 有机氯农药和多氯联苯的净化

将 3 g 脱活的硅胶装入内径 10 mm 的玻璃层析柱，在硅胶顶部装入 2～3 cm 无水硫酸钠。

从柱顶端加入 10 ml 正己烷润湿并淋洗硫酸钠和硅胶。在硫酸钠层刚要暴露 于空气之前，关闭层析柱开关停止正己烷淋洗液流出，弃去淋洗液。

转移 2 ml 样品提取液（正己烷溶剂），用 1～2 ml 正己烷清洗萃取液瓶，将 每次的清洗液加入柱子。用 80 ml 的正己烷以 5 ml/min 的速率淋洗（第 1 级分）， 淋洗液转移至收集瓶等待浓缩。再用 50 ml 正己烷淋洗并收集淋洗液（第 2 级分）， 用 15 ml 二氯甲烷做第三次淋洗（第 3 级分）。

气相色谱分析前，将样品溶剂置换为正己烷。根据特定农药/多氯联苯或干扰 物的含量，可将级分混合。

（5）注意事项

① 所有的试剂和硅胶净化柱在使用前都要进行试剂空白、试剂浓缩空白或试 剂净化过程全程序的检查，确认没有目标物和干扰物的存在，或干扰物的量低于 方法检出限。

② 净化方法用于实际样品之前，要结合本实验室的条件进行净化方法验证 实验。

③ 标准样品、加标物、空白样和平行双样等质量控制样品，应与实际样品同步通过相同的净化步骤进行处理，实现全程序控制。

④ 在分析实际样品使用硅胶柱前，用已知浓度的标准目标分析物来完成回收率试验。只有达到回收率标准，才能用于处理样品。

3.2.2　硅酸镁柱净化方法

（1）适用范围及原理

硅酸镁载体（Florisil），Floridin 公司注册的商品名，是一种酸性的硅酸镁。在进行气相色谱分析样品前处理时，可作为一种净化方法用于普通的柱色谱。主要用于净化农药残留和其他的氯代烃类；从烃类中分离氮化合物；从脂肪族—芳香族的混合物中分离芳香化合物；及对于脂肪类、油类和蜡类（Floridin）的类似应用。另外，在分离甾族化合物、酯类、酮类、甘油酯类、生物碱类和一些糖类（Gordon 和 Ford）方面，硅酸镁载体被认为是很有用的柱填料。

（2）试剂和材料

除非另有说明，分析时均使用符合国家标准的分析纯化学试剂，实验用水为新制备的、不含有机物的去离子水或蒸馏水。

有机溶剂　丙酮、正己烷、二氯甲烷或其他等效有机溶剂均为农药残留分析纯级，在使用前应先进行排气。

硅酸镁载体　农残级（60 或 100 目），购买已活化的产品，储存于带磨口玻璃塞或衬箔的螺旋盖的玻璃容器中。

硅酸镁载体的脱活：用于对邻苯二甲酸酯类净化的准备。放入 100 g 硅酸镁载体于 500 ml 烧杯中，并在 400℃加热大约 16 h。加热后，转移至 500 ml 试剂瓶中。密封并冷却至室温。冷却后，加 3 ml 试剂水，摇荡或转动 10 min 以充分混合，放置至少 2 h，将瓶密封好。

硅酸镁载体的活化：对于亚硝胺、有机氯农药和多氯联苯类（PCBs）、硝基芳香化合物卤代醚类、氯代烃类和有机磷农药的净化。在使用前，用铝箔不盖严的玻璃容器在 130℃时活化各批物料至少 16 h。或者在 130℃时于烘箱中保存硅酸镁载体，使用之前在干燥器中冷却硅酸镁载体[从不同的批料或不同来源的硅酸镁载体，其吸附能力可能不同。将所使用的合成硅酸镁载体的量标准化，建议使用月桂酸值，参考方法测定每克硅酸镁载体吸附己烷溶液中月桂酸的量（mg）。应用于各柱的硅酸镁载体的量是将此比值除 110，并乘以 20 g（mills）来计算的]。

无水硫酸钠（优级纯）　粒状，在浅盘中于 400℃加热 4 h 纯化。

（3）仪器和设备

层柱析　300 mm×10 mm 内径，底部有硬质玻璃棉和聚四氟乙烯活塞。

烧杯　500 ml。

试剂瓶　500 ml。

马弗炉　温度可调控，±2℃。

锥形烧瓶　50 ml 和 250 ml。

其他仪器　一般实验室常用仪器。

（4）硅酸镁柱的制备和净化步骤

① 邻苯二甲酸酯类的净化

——在净化之前，将样品提取液体积浓缩至 2 ml，并将原萃取溶剂转换为正己烷。

——用 40 ml 正己烷预洗脱柱。洗脱速度应大约为 2 ml/min。弃去这部分洗脱液，至刚好浸没硫酸钠时关闭活塞，定量转移 2 ml 样品提取液至柱上，再用 2 ml 正己烷清洗并完成转移，打开活塞，当硫酸钠层刚要暴露于空气之前，加 40 ml 正己烷并继续洗脱柱子，弃去此正己烷洗脱液。

——用 100 ml 20%乙醚-正己烷混合液（V/V）洗脱柱子，收集全部流出液，所洗脱的化合物有：双（2-乙基己基）邻苯二甲酸酯；丁基苄基邻苯二甲酸酯；邻苯二甲酸二正丁酯；邻苯二甲酸二乙酯；邻苯二甲酸二甲酯；邻苯二甲酸二正辛酯。浓缩，待用。

——如果使用硅酸镁固相萃取净化小柱，则应使用正己烷至少 5 ml 平衡小柱，放掉这部分正己烷。将样品浓缩提取液 2 ml 全部转移至小柱（操作要点同上），不要让小柱干枯。加入 10 ml 丙酮/正己烷（1∶9，V/V）收集洗脱液，浓缩，待用。

② 亚硝胺类的净化

——在净化之前，将样品提取液浓缩至 2 ml，并将原萃取溶剂转换为戊烷。

——用 40 ml 乙醚/戊烷（15∶85，V/V）预洗脱柱子，弃去洗脱液，正当硫酸钠层要暴露于空气之前定量地转移 2 ml 样品提取浓缩液至柱上，再用另外 2 ml 戊烷清洗并完全转移。

——用 90 ml 乙醚/戊烷（15∶85，V/V）洗脱柱子，并弃去洗脱液。此级流分将包含二苯胺。

——用 100 ml 丙酮/乙醚（5∶95，V/V）洗脱柱子，收集全部流出液，此洗脱液含所有亚硝基苯胺类化合物。合并或分别浓缩上述淋洗液，待用。

③ 有机磷农药的净化

——在净化之前，将样品提取液体积浓缩至 2 ml，并将原萃取溶剂转换为正己烷。

——用 60 ml 正己烷预洗层析柱（层析柱装填同上），弃去，然后将 2 ml 样品提取浓缩液全部转移至层析柱。用 200 ml 乙酸乙酯/正己烷（6∶94，V/V）淋洗，收集全部洗脱液，此部分流出液含有环醚类化合物。

——再用 200 ml 乙酸乙酯/正己烷（50∶50，V/V）淋洗，收集全部洗脱液，再用 200 ml 乙酸乙酯/正己烷（15∶85，V/V）淋洗，收集全部洗脱液，再用 200 ml 乙酸乙酯洗脱，收集全部洗脱液；上述 4 次洗脱将全部有机磷农药分别洗出，合并上述淋洗液，浓缩，待用。

④ 硝基芳香化合物和异佛尔酮的净化

——在净化之前，样品提取液浓缩至 2 ml。

——然后将 2 ml 样品提取浓缩液全部转移至层析柱。用 30 ml 二氯甲烷/正己烷（1∶9，V/V）淋洗，弃去洗脱液。再用 90 ml 乙醚/戊烷（15∶85，V/V）淋洗，这部分洗脱液含有二苯胺。

——用 100 ml 的丙酮/乙酸乙酯（5∶95，V/V）洗脱柱子，洗脱液中包含所有硝基芳香类化合物。

——用 30 ml 丙酮/二氯甲烷（1∶9，V/V）洗脱，该部分洗脱的化合物为：2,4-二硝基甲苯；2,6-二硝基甲苯；异佛尔酮；硝基苯。用正己烷替换上述淋洗液，浓缩，待用。

⑤ 氯代烃类的净化

——在净化之前，将样品提取液浓缩至 2 ml；并将原萃取溶剂转换为正己烷。

——将 12 g 硅酸镁放入一支 10 mm 内径的层析柱中。轻敲柱子以填实硅酸镁填料。并加 1～2 cm 无水硫酸钠至顶端。

——用 100 ml 石油醚预洗脱柱。弃去洗脱液，当硫酸钠层将暴露于空气之前，将提取液全部转入层析柱，弃去这部分淋洗液。再用 200 ml 石油醚洗脱柱，并收集洗脱液，包含所有氯代烃类：2-氯萘；1,2-二氯苯；1,3-二氯苯；1,4-二氯苯；六氯苯；六氯丁二烯；六氯环戊二烯；六氯乙烷；1,2,4-三氯苯。浓缩淋洗液待用。

表 3-4　氧化农药、PCBs 和卤代醚类进入硅酸镁载体柱的成分的分布

化合物	级分的百分回收率/%*		
	1	2	3
艾氏剂	100		
α-BHC	100		
β-BHC	97		
δ-BHC	98		
γ-BHC	100		
氯丹	100		
4,4-DDD	99		
4,4-DDE	98		
4,4-DDT	100		
狄氏剂	0	100	
硫丹 I	37	64	
硫丹 II	0	7	91
硫丹硫酸盐	0	0	106
异狄氏剂	4	96	
乙醛异狄氏剂	0	68	26
卤代醚类	R^{**}		
七　氯	100		
七氯还氧化物	100		
毒杀酚	96		
PCB-1016	97		
PCB-1221	97		
PCB-1232	95	4	
PCB-1242	97		
PCB-1248	103		
PCB-1254	90		
PCB-1260	95		

注：*洗脱液成分：级分 1——6%乙醚的己烷溶液；级分 2——15%乙醚的己烷溶液；级分 3——5%乙醚的己烷溶液。**R=回收（未列出百分回收数据）。
资料来源：U.S.EPA 和 FDA 数据。

表 3-5 有机磷农药进入硅酸镁载体柱的组分的分布

化合物	级分的百分回收率/%*			
	1	2	3	4
益棉磷			20	80
Bolstar（Sulprofos）	—	—		
毒死蜱	>80			
蝇毒磷			—	—
一零五九	100			
二嗪农		100		
乐果				
乙拌磷	—	—	—	—
邻-乙基-邻-对硝基苯基硫代磷酸酯（EPN）		>80		
灭克磷	—	—	—	
丰索磷				
倍硫磷	R^{**}	R^{**}		
马拉松（四零四九）		5	95	
脱叶亚磷	—	—		
速灭磷	—	—		
二溴磷		—	—	
对硫磷（1605）		100		
甲基对硫磷		100		
甲拌磷（3911）	0~62			
皮蝇磷	>80			
杀虫畏	—	—	—	—
硫特普		—	—	
特普（焦磷酸四乙酯）	—		—	—
Tokuthion（Prothiofos）	>80			
壤虫磷	>80			

注：*洗脱液成分：级分 1——200 ml 6%乙醚的己烷溶液；级分 2——200 ml 15%乙醚的己烷溶液；级分 3——200 ml 50%乙醚的己烷溶液；级分 4——200 ml 100%乙醚。
**R=回收（未给出百分回收率资料）。
资料来源：U.S.FDA 数据。

（5）注意事项

① 所有的试剂和硅酸镁净化柱在使用前都要进行试剂空白、试剂浓缩空白或试剂净化过程全程序的检查，确认没有目标物和干扰物的存在，或干扰物的量低于方法检出限。

② 净化方法用于实际样品之前，要结合本实验室的条件进行净化方法验证实验。

③ 标准样品、加标物、空白样和平行双样等质量控制样品，应与实际样品同步通过相同的净化步骤进行处理，实现全程序控制。

④ 在分析实际样品使用硅酸镁柱前，用已知浓度的标准目标分析物来完成回收率试验。只有达到回收率标准，才能用于处理样品。

3.2.3　凝胶色谱净化

（1）适用范围及原理

凝胶渗透色谱法（GPC）是采用有机溶剂和疏水凝胶的尺寸大小排阻方法来分离合成大分子的。该填充凝胶是多孔的，并用孔度大小范围或均一度（排阻范围）所表征。在选择凝胶时，排阻范围必须大于那些被分离的分子范围。凝胶渗透色谱法被推荐用于从样品中除去各种脂类化合物、聚合物、共聚物、蛋白质、天然树脂及其聚合物、细胞组分、病毒和分散的高分子化合物等。本法适用于包括酚类和有机酸类、邻苯二甲酸酯类、硝基芳香类、多环芳烃类、氯代烃类、碱或中性化合物、有机磷杀虫剂、有机氯杀虫剂、含氯除草剂等各种化合物样品提取物的净化。

（2）试剂和材料

除非另有说明，分析时均使用符合国家标准的分析纯化学试剂，实验用水为新制备的、不含有机物的去离子水或蒸馏水。

有机溶剂　丙酮、正己烷、二氯甲烷或其他等效有机溶剂均为农药残留分析纯级，在使用前应先进行排气。

GPC 校正标准溶液　适当浓度，保证在紫外检测器有明显完整明显峰型。

含有玉米油、双（2-二乙基乙基）邻苯二甲酸酯、甲氧滴滴涕、芘和硫。可直接购买有证标准溶液，也可用标准物质制备。

注：标准溶液均应置于-10℃以下避光保存或参照制造商的产品说明保存方法，存放期间定期检查溶液的降解和蒸发情况，特别是使用前应检查其变化情况，一旦蒸发或降解应重新配制，使用前应恢复至室温、混匀。

玉米油　200 mg/ml，溶解于二氯甲烷中。

双（2-乙基己基）酞酸酯和五氯苯酚溶液　4.0 mg/ml，溶解于二氯甲烷中。

（3）仪器设备

凝胶渗透色谱仪　具紫外检测器，净化柱调料为 Bio-Beads 或同等规格的填料。

装置　溶剂抽滤装置。

滤膜　0.25μm 有机相微孔滤膜。

样品接收瓶　2 ml、4 ml 具 PFTB（聚四氟乙烯）。

GPC 分离柱　玻璃或聚四氟乙烯材质，规格不等。

其他仪器　一般实验室常用器皿和设备。

（4）凝胶色谱净化的步骤

① 分离柱采用仪器自带的商品玻璃柱，最大柱压 117 kPa，长度 1 m。

② 仪器的校准：柱可用重量法或 GC（FID）技术手动或自动地进行校准。

③ 打开稳压电源和电脑以及凝胶色谱仪和自动进样器，仪器进行自检，预热 30 min。

④ 运行凝胶色谱仪工作软件，进入工作界面。

⑤ 在流动相中加入目标物的标准物质，运行默认方法，确定目标物化合物的收集时间。

⑥ 依据确定的目标物收集时间，编辑实际样品测试的方法。

⑦ 将萃取液定量浓缩至一定体积，溶剂转化为流动相或为流动相。

⑧ 运行方法，萃取液进入凝胶色谱仪，收集确定时间内的组分。

⑨ 浓缩收集液至定量体积上机分析。

（5）注意事项

① 所有的试剂和凝胶色谱柱在使用前都要进行试剂空白、试剂浓缩空白或试剂净化过程全程序的检查，确认没有目标物和干扰物的存在，或干扰物的量低于方法检出限。

② 净化方法用于实际样品之前，要结合本实验室的条件进行净化方法验证实验。

③ 标准样品、加标物、空白样和平行双样等质量控制样品，应与实际样品同步通过相同的净化步骤进行处理，实现全程序控制。

④ 在分析实际样品前，用已知浓度的标准目标分析物来完成回收率试验。只有达到回收率标准，才能用于处理样品。

⑤ 在完成前面的样品处理后，如液液萃取，要将样品体系转换成 GPC 所用的流动相，一般来说除石油醚外，其他基质如丙酮，必须进行这样的转换。而如

果采用乙酸乙酯这类与水互溶的溶剂进行萃取，最好过无水硫酸钠脱水。如果样品溶剂无法进行转换，那么不同的溶剂总量不得大于进样量的 10%。

⑥ 流动相最好每次配制的量够用，如果放置时间过长，最好重新配制。对于乙酸乙酯来说长时间放置会吸收水分，二氯甲烷吸水后会产生盐酸，这些都不利于 GPC 分析。

3.2.4　硫酸-高锰酸钾净化

（1）适用范围及原理

硫酸-高锰酸钾净化用于多氯联苯测定前的样品净化。此方法在基线抬高或过度复杂的色谱影响准确定量 PCBs 时均可使用。但不能用于其他目标化合物的净化提取，因为磺化过程会破坏很多有机化合物，包括艾氏剂农药、狄氏剂、异狄氏剂、硫丹、硫丹硫酸盐等。提取液转换溶剂为正己烷，然后用浓硫酸处理，如果需要，可以再用 5% 的高锰酸钾溶液处理。操作这些腐蚀性试剂时需要小心谨慎。

（2）试剂及材料

除非另有说明，分析时均使用符合国家标准的分析纯化学试剂，实验用水为新制备的、不含有机物的去离子水或蒸馏水。

有机溶剂　丙酮、正己烷、二氯甲烷或其他等效有机溶剂均为农药残留分析纯级，在使用前应先进行排气。

硫酸/水　1∶1（V/V）。

正己烷　农残级或相当等级。

高锰酸钾溶液　50 g/L。

（3）仪器设备

注射器或 A 级玻璃移液管　1.0 ml、2.0 ml 和 5.0 ml。

玻璃瓶　带聚四氯乙烯螺旋盖或压盖，1 ml、2 ml 和 10 ml。

旋转仪或振荡器

设备　一般实验室常用器皿和设备。

（4）硫酸-高锰酸钾净化的步骤

① 硫酸净化

第一步：在通风橱中，用注射器或移液管转移 1.0 ml 或 2.0 ml 正己烷萃取物到 10 ml 的玻璃瓶中，再小心加入 5 ml 体积比为 1∶1 的硫酸溶液。

第二步：所取正己烷萃取物体积根据随后所用气相色谱仪的自动进样器规格决定。如果自动进样器需要 1 ml 样品，那么应取 1 ml 萃取物，如果需要多于 1 ml

的样品，则需要 2 ml 萃取物。

注：确保过程中没有散热反应和气体产生。

第三步：盖紧瓶盖子，用旋转仪旋转 1 min，旋转过程中必须形成旋涡。

注：如果在旋转过程中有漏液现象，马上停止旋转，避免皮肤接触浓硫酸而被灼伤。

第四步：等至少 1 min，使混合液分层，确保上层溶剂（正己烷相）颜色不太深，并且没有明显的乳化层。

第五步：如果分界面清晰，直接进行步骤第八步。

第六步：如果正己烷相颜色过深或静置几分钟后仍存在乳化现象，除去硫酸层并妥善处理。再加入另一份 5 ml 1∶1 的硫酸溶液作为净化剂，接着进行步骤第七步。

注：在该步骤中，不要把正己烷倒出玻璃瓶。如果正己烷相不再带颜色，操作者可以接着进行高锰酸钾净化。

第七步：样品旋转 1 min，等待混合溶液分层。

第八步：将正己烷相转移至另一个干净的 10 ml 玻璃瓶中，确保在此干净的瓶中没有硫酸层带入，否则会损坏分析仪器。正己烷相完全转移之后，按照第九步对硫酸相进行第二次萃取。

第九步：再往硫酸层中加入 1 ml 正己烷，盖紧、振荡，第二次萃取是为了确保 PCBs 和毒杀芬的定量转移。

第十步：将第二次萃取的正己烷相与步骤第八步得到的正己烷相混合。

② 高锰酸钾净化

如果经硫酸净化后，正己烷萃取液的颜色没有被完全去掉，就需要用高锰酸钾溶液进一步净化。

第一步：往上述得到的正己烷溶液中加入 5 ml 5%的高锰酸钾溶液。

注：确保过程中没有散热反应和气体产生。

第二步：盖紧瓶盖，用旋转仪旋转 1 min，旋转过程中必须形成旋涡。

注：如果在旋转过程中有漏液现象，马上停止旋转，避免皮肤接触高锰酸钾而被灼伤。

第三步：等至少 1 min，使混合液分层，确保上层溶剂（正己烷相）颜色不是太深，并且没有明显的乳化层。

第四步：如果分界面清晰，直接进行第七步操作。

第五步：如果正己烷相颜色过深或静置几分钟后仍存在乳化现象，除去高锰酸钾溶液并妥善处理。再加入另一份 5 ml 高锰酸钾溶液。

注：在该步骤中，不要把正己烷相倒出玻璃瓶。

第六步：旋转样品 1 min，等待混合溶液分层。

第七步：将正己烷相转移至另一个干净的 10 ml 瓶中。

第八步：再往高锰酸钾相中加入 1 ml 正己烷，盖紧、振荡，第二次萃取是为了确保 PCBs 和毒杀芬的定量转移。

第九步：将第二次萃取的正己烷相与步骤第七步得到的正己烷混合。

（5）注意事项

① 所有的试剂和硫酸、高锰酸钾在使用前都要进行试剂空白、试剂浓缩空白或试剂净化过程全程序的检查，确认没有目标物和干扰物的存在，或干扰物的量低于方法检出限。

② 硫酸具有强腐蚀性，高锰酸钾具有强氧化性应注意使用过程中的安全。

3.2.5　硫的净化

（1）适用范围及原理

元素硫或存在于许多土壤样品、海洋藻类和一些工业废物中。硫在不同有机溶剂中的溶解度与有机氯和有机磷农药很相似。因此在正常萃取和净化技术中，硫的干扰常与农药相伴随。样品中的硫和铜、汞或四丁基铵（TBA）-亚硫酸盐混合后，摇荡混合物，新鲜铜粉、汞将硫氧化、破坏，从有机相中分离出来，实现对萃取物中硫的净化。

（2）试剂及材料

除非另有说明，分析时均使用符合国家标准的分析纯化学试剂，实验用水为新制备的、不含有机物的去离子水或蒸馏水。

有机溶剂　丙酮、正己烷、二氯甲烷或其他等效有机溶剂均为农药残留分析纯级，在使用前应先进行排气。

试剂水　定义为在欲测定的化合物的方法检测限内检测不出干扰物的水。

稀硝酸　1：10（V/V）。

铜粉　用稀硝酸处理以除去氧化物，用蒸馏水冲洗以除去所有的痕量酸，用丙酮冲洗并在氮气流下干燥（铜，细粒）。

汞　3 次蒸馏。

四丁基铵-亚硫酸盐试剂　溶解 3.39 g 硫酸氢四丁基铵于 100 ml 试剂水中。为了除去杂质，用 20 ml 一份的己烷萃取此溶液 3 次。弃去此己烷萃取液，加入 25 g 亚硫酸钠至水溶液中。所得的溶液，用亚硫酸钠饱和后，保存在带聚四氟乙烯衬里的螺旋盖的棕色瓶中。此溶液可在室温下保存至少 1 个月。

（3）仪器设备

机械振荡器或混合器

移液管

离心管　12 ml。

玻璃瓶或小瓶　10 ml 和 50 ml，带有聚四氟乙烯衬里的螺旋盖。

设备　一般实验室常用器皿和设备。

（4）硫的净化步骤

① 用铜粉除去硫

——在 K-D 瓶中浓缩样品至 1.0 ml。若浓缩硫时，会造成结晶，则进行离心以使晶体沉下来，用一支一次性使用的移液管，小心地吸出样品萃取液，使过量的硫留在 K-D 管中。转移萃取液至一个校准的离心管中。

——加大约 2 g 干净的铜粉（至 0.5 ml 刻度）放离心管中。在机械振荡器上混合至少 1 min。

——用一支一次性使用的移液管，将萃取液吸出，使其与铜分离，并将其转移至一个干净的小瓶中。剩余的体积仍代表 1.0 ml 的萃取物。

② 用汞除去硫

——浓缩样品萃取液至 1.0 ml，将其移取至一个干净的浓缩管或聚四氟乙烯密封的小瓶中。

——加 1～3 滴汞至小瓶并密封。搅动小瓶中的内含物 15～30 s，可能需要延长振荡（2 h）。若如此，使用一个机械振荡器。

——用一支一次性使用的移液管将萃取液抽出，使样品与汞分离，并将其转移至一个干净的小瓶中。

③ 用 TBA-亚硫酸盐除去硫

——浓缩样品萃取液至 1.0 ml，将其转移至一个 50 ml 干净玻璃瓶中，用 1 ml 的己烷冲洗 K-D 浓缩瓶 3 次。将冲洗液加至 50 ml 瓶中。

——加入 1.0 ml 四丁基铵-亚硫酸盐和 2 ml 异丙醇，盖上瓶盖，摇动至少 1 min，若样品是无色的或未改变初始颜色，且若观察到清晰的晶体（沉淀的亚硫酸钠），则存在有足够的亚硫酸钠。若沉淀的亚硫酸钠消失了，加入更多的晶体亚硫酸钠，每次约 100 mg，直到重复摇荡后还有固体沉淀存在。

——加入 5 ml 蒸馏水并摇荡至少 1 min，让样品放置 5～10 min。转移己烷层（上部）至浓缩管中并使用 K-D 技术将萃取物浓缩至 1.0 ml。

（5）注意事项

① 所有的试剂和铜、汞或四丁基铵（TBA）-亚硫酸盐在使用前都要进行试剂空白、试剂浓缩空白或试剂净化过程全程序的检查，确认没有目标物和干扰物的存在，或干扰物的量低于方法检出限。

② 汞是一种有毒、易挥发重金属，应注意使用过程中的安全。

③ 使用铜或汞除硫对某些农药的回收产生影响，在净化的过程中，要充分考虑到目标物的回收率是否会受到影响。表 3-6 表明了使用铜或汞除硫对某些农药的回收的影响。

表 3-6　汞和铜对各种农药的影响

农　药	回收率/%*	
	汞	铜
亚老哥尔 1254（Aroclor1254）	97.10	104.26
六氯化苯	75.73	94.83
七氯	39.84	5.39
艾氏剂	95.52	93.29
七氯环氧化物	69.13	96.55
二氯二苯二氯乙烯（DDE）	92.07	102.91
DDT	78.78	85.10
BHC	81.22	98.08
狄氏剂	79.11	94.90
异狄氏剂	70.83	89.26
氯代二（对溴苯基）乙醇酸酯	7.14	0.00
马拉硫磷	0.00	0.00
二嗪农（地亚农）	0.00	0.00
对硫磷	0.00	0.00
乙硫磷（1240）	0.00	0.00
三硫磷	0.00	0.00

* 列出的百分回收率，除艾氏剂和六氯化苯之外所有化合物都是 2 次分析的平均值。对于艾氏剂用汞和铜分别为 4 次和 3 次测定结果的平均值。六氯化苯应用铜的回收率为 1 次分析的结果。

3.2.6　氧化铝柱净化

（1）适用范围及原理

氧化铝是一种高度多孔的和粒状的氧化铝。可在 3 个 pH 值范围（碱性、中性、酸性）应用于层析柱色谱法中。它可用于从不同化学极性的干扰化合物中分离出待测物。其中碱性（B）pH 值（9～10）可用于碱性和中性化合物，对于碱、醇类、烃类、自族化合物类、生物碱类、天然颜料等是稳定的，缺点是可引起聚合、缩合和脱水反应；不能用丙酮或乙酸乙酯作为洗脱液；中性（N）可用于醛类、酮类、醌类、酯类、内酯类、配糖物。缺点是比碱性形式活性小很多；酸性

（A）pH 值（4～5）可用于酸性颜料（天然的和合成的）、强酸类（在不同情况下对中性和碱性氧化铝有化学吸附）。

此外，氧化铝有不同的活性等级。酸性、碱性或中性氧化铝根据 Brockmann 标准，通过向第 I 级中（在 400～450℃加热至不再失水来制备）加水可以制备成不同的活性等级（I～V）。Brockmann 标准规定：① 加入水量（重量%）：0、3、6、10、15；② 活性等级：I、II、III、IV、V；③ RF（对氨基偶氮苯）：0.0、0.13、0.25、0.45、0.55。

（2）试剂及材料

除非另有说明，分析时均使用符合国家标准的分析纯化学试剂，实验用水为新制备的、不含有机物的去离子水或蒸馏水。

有机溶剂 丙酮、正己烷、二氯甲烷或其他等效有机溶剂均为农药残留分析纯级，在使用前应先进行排气。

试剂水 定义为在欲测定的化合物的方法检测限内检测不出干扰物的水。

无水硫酸钠（优级纯） 粒状，在浅盘中于 400℃加热 4 h 预以纯化。

氧化铝 中性氧化铝：将 100 g 的氧化铝放入 500 ml 烧杯中，并在 400℃加热大约 16 h。在加热后，转入 500 ml 试剂瓶中。密封并冷却至室温。当冷却时，加 3 ml 试剂水。摇荡或转动 10 min 使其充分混合，令其放置至少 2 h。使瓶紧密地封闭。碱性氧化铝：将 100 g 的氧化铝放入一个 500 ml 试剂瓶中并加 2 ml 试剂水，摇荡或转动 10 min 使其充分混合，令其放置至少 2 h。在使用之前，制备应均匀。使瓶紧密的封闭以确保原来的活性。

（3）仪器设备

层柱析 300 mm×10 mm 内径，底部有硬质玻璃棉和聚四氟乙烯活塞。

烧杯 500 ml。

试剂瓶 500 ml。

马弗炉 温度可调控，±2℃。

锥形烧瓶 50 ml 和 250 ml。

设备 其他实验室常用仪器设备。

（4）氧化铝柱的制备和净化步骤

① 对邻苯二甲酸酯类的净化

——在净化之前，将样品提取液的体积减少至 2 ml。萃取溶剂必须为己烷。

——将 10 g 氧化铝放入色谱柱中装实氧化铝，加 1 cm 的无水硫酸钠至顶部。

——用 40 ml 己烷预先洗提柱。所有的洗脱速度应约为 2 ml/min，弃去洗脱液，并在硫酸钠层刚要暴露于空气之前，定量地转移 2 ml 样品提取液至柱上，使用另外的 2 ml 己烷使全部转移。在硫酸钠层刚好暴露于空气之前，加 35 ml 的己烷继续洗提柱子。弃去此己烷洗脱液。

——然后，用 140 ml 20%乙醚的己烷溶液（V/V）洗脱柱子，流入一个装配一支 10 ml 浓缩管的 500 ml K-D 瓶中。浓缩收集到的级分，不需要更换溶剂。调整净化的提取液的体积至所需的体积并分析。在此级分中洗脱的化合物如下：双（2-乙基己基）酞酸酯；丁基苄苯基酞酸酯；二-正-丁基酞酸酯；二乙基酞酸酯；二甲基酞酸酯；二-正-辛基酞酸酯。

② 对亚硝胺类的净化

——在净化之前，将样品提取液减少至 2 ml。

——二苯胺若存在于原始样品的提取液中，必须将其从亚硝胺类中分离出来，以便应用此方法测定 N-亚硝基二苯胺。

——将 12 g 氧化铝制剂装入 10 mm 内径色谱柱中。轻敲柱以填实氧化铝，并加 1~2 cm 的无水硫酸钠至柱顶。

——用 10 ml 乙醚-戊烷（3：7，V/V）预洗脱柱。弃去洗脱液（约 2 ml），并在硫酸钠层刚好暴露于空气之前，定量转移 2 ml 样品提取液至柱上，用另外 2 ml 戊烷完成定量转移。

——在硫酸钠层刚好暴露于空气之前，加 70 ml 乙醚-戊烷（3：7，V/V），弃去最先的 10 ml 洗脱液，收集以后的洗脱液于装有 10 ml 浓缩管的 500 ml K-D 瓶中。这级分含有 N-亚硝基-二-正丙胺。

——然后，用 60 ml 乙醚-戊烷（1：1，V/V）洗脱柱，收集洗脱液于第二个装有 10 ml 浓缩管的 500 ml K-D 瓶中。加 15 ml 甲醇至 K-D 瓶中。本级分将含 N-亚硝基二甲胺、绝大部分 N-亚硝基-二-正丙胺和存在的任何二苯胺。

——浓缩这两部分，但使用戊烷来预湿 Snyder 柱，当仪器冷却后，移开 Snyder 柱并用 1~2 ml 的戊烷冲洗瓶和它的下部接头流入浓缩管中。调整最终体积至合适的测定方法所需的体积。分析此部分。

（5）注意事项

① 所有的试剂和氧化铝净化柱在使用前都要进行试剂空白、试剂浓缩空白或试剂净化过程全程序的检查，确认没有目标物和干扰物的存在，或干扰物的量低于方法检出限。

② 净化方法用于实际样品之前，要结合本实验室的条件进行净化方法验证实验。

③ 标准样品、加标物、空白样和平行双样等质量控制样品，应与实际样品同步通过相同的净化步骤进行处理，实现全程序控制。

3.3 土壤重金属前处理方法

3.3.1 电加热－全酸分解法

警告： 试验中所用到的试剂及标准物质均为有毒有害物质，配制过程应在通风橱中进行操作；应按规定佩戴防护器具，避免接触皮肤和衣服。

（1）方法原理

采用不同酸体系全分解的方法，彻底破坏土壤的矿物晶格，使试样中的待测元素全部以离子态进入试液中。

（2）试剂

除非另有说明，分析时均使用符合国家标准的分析纯化学试剂，实验用水为新制备的去离子水或蒸馏水。

盐酸（HCl）　　ρ= 1.19 g/ml，优级纯。

硝酸（HNO_3）　　ρ= 1.42 g/ml，优级纯。

硫酸（H_2SO_4）　　ρ= 1.84 g/ml，优级纯。

氢氟酸（HF）　　ρ= 1.49 g/ml。

高氯酸（$HClO_4$）　　ρ= 1.68 g/ml，优级纯。

HCl 溶液　　1+1，用 ρ= 1.19 g/ml，优级纯盐酸配制。

盐酸溶液　　6 mol/L，用　ρ= 1.19 g/ml，优级纯盐酸配制。

硝酸溶液　　1+1，用 ρ= 1.42 g/ml，优级纯硝酸配制。

0.2%硝酸溶液　　用 ρ= 1.42 g/ml，优级纯硝酸配制。

10%硝酸溶液　　用 ρ= 1.42 g/ml，优级纯硝酸配制。

硝酸溶液　　1+5，用 ρ= 1.42 g/ml，优级纯硝酸配制。

硝酸溶液　　1+1，用 ρ= 1.42 g/ml，优级纯硝酸配制。

硫酸-硝酸溶液　　1+1，用 ρ= 1.42 g/ml，优级纯硝酸、ρ= 1.84 g/ml，优级纯硫酸配制。

KI 溶液　　2 mol/L。

10%的抗坏血酸溶液

MIBK

10%的氯化铵水溶液

2%的高锰酸钾溶液

20%的盐酸羟胺溶液

王水　1+1。

0.05%的重铬酸钾保存液

0.02%的重铬酸钾稀释液

过氧化氢

（3）仪器和设备

主要仪器设备有：超纯水制备仪、精度为 0.1 mg 的天平、电热板、微波消解仪、离心分离机、过滤装置和一般实验室常用仪器和设备。

（4）盐酸-硝酸-氢氟酸-高氯酸法

① 盐酸-硝酸-氢氟酸-高氯酸法 A

适用范围　本方法适用于测试土壤中的铜、铅、锌、铬、镉、砷等测定。

操作步骤　准确称取 0.5 g（准确到 0.1 mg，以下都与此相同）风干土样置于聚四氟乙烯坩埚，加几滴水润湿后，加入 10 ml 浓 HCl（ρ=1.19 g/ml），于电热板上低温（80～100℃）加热蒸发剩约 5 ml 时，加入 15 ml 浓 HNO$_3$（ρ=1.42 g/ml），继续加热（100～120℃）至黏稠，再加入 10 ml HF（ρ=1.49 g/ml）继续加热（120℃），并适时摇动坩埚。最后加入 5 ml HClO$_4$（ρ=1.67 g/ml），并加热至白烟冒尽（130℃），但不能使样品干涸，坩埚内剩余分解物为白色或淡黄色黏稠物。关闭电热板使其冷却，用 2～3 ml 稀酸溶液（10% HNO$_3$）冲洗坩埚内壁及坩埚盖，温热溶解残渣，冷却后定容至 50 ml。

② 盐酸-硝酸-氢氟酸-高氯酸法 B

适用范围　本方法适用于 GFAA 法测土壤中铅、镉，也适用于 FAA 法测试土壤中铜、锌。

操作步骤　准确称取 0.1～0.3 g（准确到 0.000 2 g）土样置于 50 ml 聚四氟乙烯坩埚中，少量水润湿后加入 10 ml 浓 HCl（ρ=1.19 g/ml），于通风橱内电热板低温加热（80～100℃）蒸发至约剩 3 ml 时，取下稍冷；然后加入 5 ml 浓 HNO$_3$（ρ=1.42 g/ml）、4 ml HF（ρ=1.49 g/ml）、2 ml HClO$_4$（ρ=1.67 g/ml），加盖后在电热板上加热（120℃）1 h 左右，然后开盖，继续加热飞硅（常摇动坩埚）。当加热至浓厚白烟出来时，加盖，除去有机物。当白烟散尽内容物变黏稠时，取下稍冷，用少量水冲洗坩埚内壁，加入 1 ml（1+1）HCl 溶液温热溶解残渣。转移至 25 ml 容量瓶定容待测。

③ KI-MIBK 法

适用范围　本方法适用于 FAA 法测土壤中铅、镉。

操作步骤　准确称取 0.2～0.5 g（准确到 0.000 2 g）土样置于 50 ml 聚四氟乙烯坩埚中，少量水润湿后加入 10 ml 浓 HCl（ρ=1.19 g/ml），于通风橱内电热板低温加热（80～100℃）蒸发至约剩 3 ml 时，取下稍冷；然后加入 5 ml 浓 HNO₃（ρ=1.42 g/ml）、5 ml HF（ρ=1.49 g/ml）、3 ml HClO₄（ρ=1.67 g/ml），加盖后在电热板上加热（120℃）1 h 左右，然后开盖，继续加热飞硅（常摇动坩埚）。当加热至浓厚白烟出来时，加盖，除去有机物。当白烟散尽内容物变黏稠时，取下稍冷，用少量水冲洗坩埚内壁，加 1 ml（1+5）HNO₃ 液溶解残渣，转移至 100 ml 分液漏斗中，加水约 50 ml，摇匀。再加入 2.0 ml 2 mol/L 的 KI 溶液，2 ml 10%的抗坏血酸溶液，摇匀。然后准确加入 5.00 ml 的 MIBK，振摇 1～2 min，静置分层，取有机相待测。

注：如加入 KI 出现沉淀，证明高氯酸未驱除干净。大量沉淀会导致测试结果偏低，建议用 NaI 代替 KI。

④ 硫酸-硝酸-氢氟酸-盐酸法

适用范围　本方法适用于 FAA 法测土壤中总铬。

操作步骤　准确称取 0.2～0.5 g（精确至 0.000 2 g）土样置于 50 ml 聚四氟乙烯坩埚中，少量水润湿后，加入 5 ml（1+1）硫酸溶液，10 ml 浓 HNO₃（ρ=1.42 g/ml），于通风橱内在电热板加盖加热（120℃）1 h 左右，开盖继续加热；待分解物黏稠后，加入 5 ml HF（ρ=1.49 g/ml）中温除硅，经常摇动坩埚。加热至冒浓厚白烟后，加盖继续加热 30 min，然后取下坩埚稍冷后，用少量水冲洗坩埚内壁和盖子，再加热使白烟散尽并蒸至内容物呈不流动态。取下坩埚稍冷，加入 3 ml（1+1）盐酸溶液温热溶解残渣，转移至 50 ml 容量瓶中，加入 5 ml 10%的氯化铵水溶液后定容。

⑤ 硝酸-高氯酸法

适用范围　本方法适用于土壤中砷的 AFS 法测定。

操作步骤　取 1 g 土样于 250 ml 三角瓶中，加入 10 ml 浓 HNO₃（ρ=1.42 g/ml）、2 ml HClO₄（ρ=1.67 g/ml），摇匀盖上小漏斗，放置过夜。移至电热板上加热分解。如试样体积减少而发黑时，补加 2 ml 浓 HNO₃（ρ=1.42 g/ml），继续加热，提高温度至 200℃，除去小漏斗，蒸发除去全部高氯酸，残渣为灰白色。取下三角瓶稍冷，加入 4 ml 6 mol/L 盐酸溶液，加热至沸腾。然后用定量滤纸过滤入 50 ml 容量瓶中，蒸馏水洗涤三角瓶、滤纸。用水定容，待测。

注意：蒸发最高温度不宜超过 200℃，样品可能会损失。

⑥ 硝酸-氢氟酸-高氯酸法 A

适用范围　本方法适用于土壤中铜、铅、锌、铬的 ICP-AES 法测定。

操作步骤　取 0.5 g 土样置于聚乙烯坩埚中，加 2 滴蒸馏水润湿样品。加入 8 ml HF（ρ=1.49 g/ml）、10 ml 浓 HNO₃（ρ=1.42 g/ml）和 2 ml HClO₄（ρ=1.67 g/ml），

先低温加热（80～100℃）1 h，随后升高温度至 140～150℃蒸至冒白烟，取下坩埚稍冷，加入 4 ml 浓 HNO_3（ρ=1.42 g/ml）和 1 ml $HClO_4$（ρ=1.67 g/ml），继续在 140～150℃蒸至内容物呈糊状，加 2 ml 浓 HNO_3（ρ=1.42 g/ml）温热溶解残渣。用去离子水洗入 50 ml 容量瓶中，定容待测。

⑦ 硝酸-氢氟酸-高氯酸法 B

适用范围 本方法适用于土壤中铜、铅、锌、镉、铬的 ICP-MS 法测定，或者镉的 GFAA 法测定。

操作步骤 取 0.08～0.10 g 土样置于聚四氟乙烯坩埚中，加入两滴水润湿样品，然后加入 3 ml 浓 HNO_3（ρ=1.42 g/ml），然后在 120℃加入 30 min，稍冷后加入 2 ml HF（ρ=1.49 g/ml）、1 ml $HClO_4$（ρ=1.67 g/ml）在 140℃加热 80 min，最后再加入 1 ml 浓 HNO_3（ρ=1.42 g/ml）在 150℃加热 20 min，冷却后纯水定容至 25 ml 容量瓶中。

⑧ 硫酸-硝酸-高锰酸钾法

适用范围 本方法适用于 CVAA 法测土壤中总汞。

操作步骤 取 1 g 土样于 150 ml 锥形瓶中，少量水润湿样品后，加入 8 ml（1+1）硫酸-硝酸溶液，待反应停止后，加入 10 ml 蒸馏水、10 ml 2%高锰酸钾溶液，瓶口插一漏斗，电热板加热（80～100℃）45 min，然后取下冷却。分解过程中如紫色褪去，应随时补加高锰酸钾溶液，保证体系中高锰酸钾过量。临测定前摇动中加入 20%的盐酸羟胺溶液，使紫色刚好褪去及容器壁上的二氧化锰全部褪色。

注：器皿清洗和全程序空白样品检查，如试样有机质较多，可预先用 5 ml 浓 HNO_3（ρ=1.42 g/ml）回流 40 min。

⑨ 王水法

适用范围 本方法适用于 AFS 法测土壤中总汞。

操作步骤 取土样 1 g 置于 50 ml 具塞比色管中，加入 10 ml（1+1）王水，加塞后充分摇匀，与沸水浴中加热消解 2 h。取出冷却，立即加入 10 ml 0.05%重铬酸钾保存液（5%硝酸），然后用 0.02%重铬酸钾稀释液定容至标线。上清液待测。

注：消解过程避免王水沸腾，防止汞挥发。如试样有机物较多，可增加王水的用量。

⑩ 硝酸-过氧化氢法

适用范围 本方法适用于土壤中除汞以外的 GFAA 或 ICP-MS 全元素分析。

操作步骤 取 1 g 样品置于聚四氟乙烯坩埚中，加入 10 ml（1+1）硝酸溶液，加热样品至（95±5）℃，不沸腾蒸馏 10～15 min，让样品冷却，加入 5 ml 浓 HNO_3（ρ=1.42 g/ml），重新盖上盖子回流加热 30 min。如果有棕色的烟生成，表明样品

被 HNO_3 氧化，重复这一步骤 [每次加入 5 ml 浓 HNO_3（ρ =1.42 g/ml）]，直到样品不再有棕色的烟产生，表明样品已完全同硝酸反应。

将溶液不沸腾蒸发至大约 5 ml，或在（95±5）℃不沸腾加热两小时。样品溶液须始终覆盖坩埚的底部。然后使样品冷却，加入 2 ml 水和 3 ml 30%过氧化氢，重新放到热源上，加盖加热让它与过氧化氢反应（此步骤须注意，不要让样品由于大量的气泡冒出造成损失），加热直到不再有大量气泡产生，然后将坩埚冷却。冷却 5 min 后，再缓慢加入 10 ml 30%过氧化氢（此步骤须注意，不要让样品由于大量的气泡冒出造成损失）。继续加入 30%的过氧化氢，每次为 1 ml，同时加盖加热，直到样品中只有细微气泡或大致外观不发生变化。继续加热，直到溶液体积减小至大约 5 ml，或在（95±5）℃下不沸腾蒸馏 2 h。冷却，滤去固形物，定容至 100 ml。

加入的过氧化氢总体积不应超过 10 ml。

⑪ 盐酸-硝酸法

适用范围　本方法适用于土壤中除汞以外的 FLAA 或 ICP-AES 全元素分析。

操作步骤　取 1 g 土样，加入 2.5 ml 浓 HNO_3（ρ =1.42 g/ml）和 10 ml 浓 HCl（ρ =1.19 g/ml），加盖蒸馏 15 min，冷却后，将消解液通过定量滤纸过滤，收集滤液至 100 ml 的容量瓶中。先用不超过 5 ml 热盐酸（约 95℃）冲洗漏斗中的滤纸，接着用 20 ml 试剂水（约 95℃）冲洗。将洗液收集至同一容量瓶中。从漏斗中取出滤纸和残渣，放回到容器中。加入 5 ml 浓 HNO_3（ρ =1.42 g/ml），将容器放回到热源上，加热至（95±5）℃直到滤纸被消解。将残渣再次过滤，并将滤液收集至同一 100 ml 的容量瓶中。让滤液冷却，然后定容。如果容量瓶底部有沉淀生成，加入浓 HCl（ρ =1.19 g/ml）使沉淀溶解，HCl 的体积最大不超过 10 ml。沉淀溶解之后，用试剂水将溶液定容至 100 ml 待测。

在冷却初级或次级滤液时，溶解度受温度影响很大的高浓度金属盐可能会形成沉淀。如果冷却时容量瓶内有沉淀生成，不要将溶液稀释至体积。

（5）质量保证和质量控制

① 样品进行前处理前应检查确认所有使用的器皿和试剂均为洁净。

② 每批（20 个以内）样品应至少做一个全程序空白。

③ 每批样品（20 个以内）应至少做一对实际样品加标分析测定。

④ 其他质量保证和质量控制措施应按照目标物的分析方法标准或技术规范及有关质控要求进行。

（6）注意事项

① 不要用铬酸洗涤采样瓶及玻璃器皿。

② 电热板消解的操作应该在通风橱内进行，应按规定要求佩戴防护手套防护器具，避免接触皮肤和衣服。

③ 若在样品的前处理过程中产生迸溅而造成损失，则此批次样品数据不予采用。

3.3.2 微波消解法

警告：试验中所用到的试剂及标准物质均为有毒有害物质，配制过程应在通风橱中进行操作；应按规定佩戴防护器具，避免接触皮肤和衣服。

（1）方法原理

微波炉加热分解法是以被分解的土样及酸的混合液作为发热体，从内部进行加热使试样受到分解的方法。当微波通过试样时，极性分子随微波频率快速变换取向，2 450 MHz 的微波，分子每秒钟变换方向 $2.45×10^9$ 次，分子来回转动，与周围分子相互碰撞摩擦，分子的总能量增加，使试样温度急剧上升。同时，试液中的带电粒子（离子、水合离子等）在交变的电磁场中，受电场力的作用而来回迁移运动，也会与邻近分子撞击，使得试样温度升高。在试样的不同深度，微波所到之处同时产生热效应，这不仅使加热更快速，而且更均匀。大大缩短了加热的时间，比传统的加热方式更快速和高效。微波加热分解试样的方法，分常压敞口分解、常压密闭式分解法和密闭加压分解法。

（2）试剂

除非另有说明，分析时均使用符合国家标准的分析纯化学试剂，实验用水为新制备的去离子水或蒸馏水。

盐酸（HCl）　　ρ = 1.19 g/ml，优级纯。

硝酸（HNO_3）　　ρ = 1.42 g/ml，优级纯。

氢氟酸（HF）　　ρ = 1.49 g/ml。

高氯酸（$HClO_4$）　　ρ = 1.68 g/ml，优级纯。

逆王水

（3）仪器和设备

主要仪器设备有：超纯水制备仪、精度为 0.1 mg 的天平、电热板、微波消解仪、离心分离机、过滤装置、一般实验室常用仪器和设备。

（4）方法内容

① 盐酸-硝酸-氢氟酸法

适用范围　　本方法适用于含硅质较多、基体较复杂的土壤中重金属的分析。

操作步骤　　取 0.5 g 土样置于微波消解罐中，加入 3 ml 去离子水、9 ml 浓

HNO₃（ρ=1.42 g/ml）、3 ml HF（ρ=1.49 g/ml）、3 ml 浓 HCl（ρ=1.19 g/ml），密闭后，5 min 升温到 180℃，在 180℃保温 10 min，然后冷却。转移到 50 ml 容量瓶中定容待测。如测试仪器无耐氢氟酸系统，可加入硼酸来保护石英矩管。

如不对消解液赶酸，应加大标准曲线稀释液的酸度，尽量使标准曲线的基体与消解液匹配。

② 逆王水法

适用范围　本方法适用于普通土壤、底泥中重金属的分析。

操作步骤　取 0.5 g 土样置于微波消解罐中，加入 10 ml 浓 HNO₃（ρ=1.42 g/ml）或 12 ml 逆王水，密闭后，5.5 min 升温到 175℃，在 175℃保温 10 min，然后冷却。转移到 50 ml 容量瓶中定容待测。

方法适用于普通土壤、底泥中重金属的分析。可不对消解液赶酸，应加大标准曲线稀释液的酸度，尽量使标准曲线的基体与消解液匹配。

③ 高压密闭消解

称取 0.5 g 风干土样于内套聚四氟乙烯坩埚中，加入少许水润湿试样，再加入 5 ml 浓 HNO₃（ρ=1.42 g/ml）、5 ml HClO₄（ρ=1.67 g/ml），摇匀后将坩埚放入不锈钢套筒中，拧紧。放在 180℃的烘箱中分解 2 h。取出，冷却至室温后，取出坩埚，用水冲洗坩埚盖的内壁，加入 3 ml HF（ρ=1.49 g/ml），置于电热板上，在 100～120℃加热除硅，待坩埚内剩下 2～3 ml 溶液时，调高温度至 150℃，蒸至冒浓白烟后再缓缓蒸至近干，按上述操作定容后进行测定。对于有机质含量较高的样品，该方法具有一定的危险性，请酌情使用。

（5）质量保证和质量控制

① 样品进行前处理前应检查确认所有使用的器皿和试剂均为洁净。

② 每批（20 个以内）样品应至少做一个全程序空白。

③ 每批样品（20 个以内）应至少做一对实际样品加标分析测定。

④ 其他质量保证和质量控制措施应按照目标物的分析方法标准或技术规范及有关质控要求进行。

（6）注意事项

① 不要用铬酸洗涤采样瓶及玻璃器皿。

② 微波酸消解的操作应该在通风橱内进行，应按规定要求佩戴防护手套防护器具，避免接触皮肤和衣服。

③ 若在样品的前处理过程中，由于样品消解过程产生压力太大而造成仪器泄压破坏其封闭系统时，则此批次样品数据不予采用。

表 3-7 土壤样品消解方法汇总表

方法描述	测试项目	仪器方法	推荐
盐酸-硝酸-氢氟酸-高氯酸-电热板法	Cu、Pb、Zn、Cd、Cr、As	FLAA、GFAA、ICP、AFS、ICP-MS	
	Pb、Cd	FLAA、GFAA	
	MIBK 萃取测 Pb、Cd	FLAA	
硫酸-硝酸-氢氟酸-盐酸-电热板法	Cr	FLAA、ICP	★★
硝酸-高氯酸-盐酸-电热板法	As	AFS	
硝酸-氢氟酸-高氯酸法	Cu、Pb、Zn、Cd、Cr、As	FLAA、ICP-AES	
硝酸-氢氟酸-高氯酸法	Cu、Pb、Zn、Cd、Cr、As	GFAA、ICP-MS	★★
硫酸-硝酸水浴法	Hg	CVAA	
王水-水浴法	Hg	CVAA	★★
EPA3050B-电热板法			
EPA 3052-微波法	Cu、Pb、Zn、Cd、Cr、As	FLAA、GFAA、ICP、AFS、ICP-MS	★★
EPA 3051/3051A-微波法			

第4章 土壤优控物分析方法（一）

4.1 土壤中半挥发性有机物的测定 气相色谱-质谱法

警告： 试验中所用到的有机溶剂及标准物质均为有毒有害物质，配制过程应在通风橱中进行操作；应按规定佩戴防护器具，避免接触皮肤和衣服。

4.1.1 适用范围

本方法规定了土壤中半挥发性有机物的气相色谱-质谱测定方法。

本方法适用于土壤中邻苯二甲酸酯类、多环芳烃类、非挥发性氯代烃类、农药、有机磷酸酯类、硝基芳烃类等半挥发性有机物的测定。

本方法的检出限随仪器灵敏度、前处理方法及样品的干扰水平等因素而变化。64 种半挥发性有机物的方法检出限范围为 0.1～1.0 mg/kg，定量下限 0.4～4.0 mg/kg。

4.1.2 规范性引用文件

本方法内容引用了下列文件或其中的条款。凡是不注明日期的引用文件，其有效版本适用于本方法。

HJ/T 166 土壤环境监测技术规范

4.1.3 方法原理

土壤中半挥发性有机物（Semivolatile-Organics，SVOCs）采用适合的萃取方法（索氏提取、加压流体萃取等）提取，提取液用硅酸镁（弗罗里硅土）柱或 GPC（凝胶色谱）等不同净化方法去除干扰物，浓缩后加入内标进气相色谱/质谱（GC/MS）定性、定量分析。

4.1.4 试剂和材料

除非另有说明，分析时均使用符合国家标准的分析纯化学试剂，实验用水为新制备的去离子水或蒸馏水。

（1）有机溶剂

丙酮、正己烷、二氯甲烷或其他等效有机溶剂均为农药残留分析纯级，在使用前应先进行排气。

（2）铜粉：分析纯

使用前用稀硝酸浸泡去除表面氧化物，然后用试剂水洗去所有的酸，再用丙酮清洗，然后用氮气吹干待用，每次临用前处理，保持铜粉表面光亮。

（3）SVOCs 标准储备液

SVOCs 标准储备液，$\rho=1\sim5$ mg/ml。

可直接购买有证标准溶液（多种 SVOCs 的混标或某类 SVOCs 混标，也可以是特点的半挥发性有机物的单标），也可用标准物质制备，应在保质期内使用。

中间使用液：将上述 SVOCs 储备液稀释成 100 μg/ml。

（4）内标

内标，$\rho=2\sim5$ mg/ml。

菲-d_{10}、苊-d_{12}、萘-d_{12}、苝-d_{12}、菲-d_{10}、1，4-二氯苯-d_4 可直接购买有证标准溶液，也可用标准物质制备。

中间使用液：将储备液稀释成 500 μg/ml。校准曲线和所有样品定容前都要加入内标，浓度在曲线的中间点。

（5）替代物

替代物，$\rho=2\sim4$ mg/ml。

1,4-二氯苯-d_4、萘-d_8 等标准储备液，浓度 2 000～4 000 μg/ml。可直接购买有证标准溶液，也可用标准物质制备。

中间使用液浓度：$\rho=100$ μg/ml。在提取前加入所有样品中，包括空白和质控样品，加入量应不低于校准曲线的中间点浓度。

（6）十氟三苯基磷

十氟三苯基磷，$\rho=50$ mg/ml。

可直接购买有证标准溶液，也可用标准物质制备，稀释成上述浓度。

（7）GPC 校准溶液

GPC 校准溶液，适当浓度，保证在紫外检测器有明显完整明显峰型。

含有玉米油、双（2-二乙基乙基）邻苯二甲酸酯、甲氧滴滴涕、苝和硫。可直接购买有证标准溶液，也可用标准物质制备。

注意：上述（3）、（4）、（5）和（6）中的标准均应置于−10℃以下避光保存，存放期间定期检查溶液的降解和蒸发情况，特别是使用前应检查其变化情况，一旦蒸发或降解应重新配制，注意应恢复到室温后使用。

（8）干燥剂

硫酸钠 Na_2SO_4（分析纯）或粒状硅藻土。

400℃焙烧 2 h，然后将温度降至 100℃，关闭电源转入干燥器中，冷却后装入试剂瓶中密封，保存在干燥器中，如果受潮需再次处理。或用二氯甲烷提取净化，并对二氯甲烷提取液进行检查证明干燥剂无目标物或有机物干扰。

（9）载气

载气为高纯氦气（纯度≥99.99%）。

4.1.5 仪器和设备

气相色谱/质谱联用仪　电子轰击（EI）电离源，每秒或少于 1 秒可以完成 35～500 u 扫描，配备 NIST 谱库。

凝胶色谱仪　具紫外检测器，净化柱调料为 Bio-Beads 或同等规格的填料。

浓缩装置　旋转蒸发装置或 K-D 浓缩器、浓缩仪等性能相当的设备。

色谱柱（5%-苯基）-甲基聚硅氧烷；非极性；极低的色谱柱流失特性 30 m×0.25 mm×0.25 μm，色谱柱或同等规格的色谱柱。

分析天平　精确至 0.01 g。

研钵　玻璃或玛瑙材质。

仪器　其他实验室常用仪器。

4.1.6 样品

（1）采集与保存

参照 HJ/T 166 中有关要求采集有代表性的土壤样品，保存在事先清洗洁净，并用有机溶剂处理不存在干扰物的磨口棕色玻璃瓶中。运输过程中应密封避光、冷藏保存，途中避免污染或样品的破坏，尽快运回实验室进行分析。如暂不能分析应在 4℃以下冷藏保存，用于测定半挥发性有机物的样品保存时间为 10 天，用于测定不挥发性有机物的样品保存时间为 14 天。

（2）试样的制备

除去枝棒、叶片、石子等异物，将所采全部样品完全混匀。需要风干的固体废物放在事先用有机溶剂清洗过的金属盘中，在室温下避光、干燥。也可用硅藻土将样品拌匀，直至样品呈散粒状。具体步骤可参考提取方法。

注：干燥、研细的样品对于提取不挥发、非极性的有机物有较好的提取效果。风干不适于处理易挥发的有机氯农药（如，六六六）等。冷冻干燥是处理这类样品的最佳选择。

（3）含水率的测定

取 5 g（精确至 0.01 g）样品在（105±5）℃下干燥至少 6 h，以烘干前后样品质量的差值除以烘干前样品的质量再乘以 100，计算样品含水率 w（%），精确至 0.1%。

（4）试样的前处理

① 萃取

将制备好的样品使用索氏提取、自动索氏、加压流体萃取和超声等适合的方法进行提取，半挥发性有机物的全部提取选择二氯甲烷/丙酮（1+1）作为萃取溶剂。制备的样品量根据萃取方法而定，土壤一般需要称量 20 克左右的样品。

② 脱水和浓缩

如果萃取液存在明显水分，需要脱水。在玻璃漏斗上垫上一层玻璃棉或玻璃纤维滤膜，铺加约 5 g 无水硫酸钠，将萃取液经上述漏斗直接过滤到浓缩器皿中，每次用少量萃取溶剂充分洗涤萃取容器，将洗涤液也倒入漏斗中，重复 3 次。最后再用少许萃取溶剂冲洗无水硫酸钠，合并萃取液，待浓缩。

减压快速浓缩　将萃取液转入专用浓缩管中，根据仪器说明书设定温度和压力条件，进行浓缩。萃取液浓缩至 1 ml 左右停止，移出萃取液，并用 0.5 ml 二氯甲烷冲洗浓缩平底部，移出萃取液合并在带有刻度的浓缩瓶中。

氮吹　用小流量氮气将浓缩液浓缩至 1 ml。

注：浓缩时不能将溶剂蒸干，否则会造成酚类、硝基苯类等多种成分的丢失，最后用氮吹仪置小流量氮气将提取液浓缩到 1.5～2.0 ml，期间不能有过大的氮气流吹至提取液表面。

如果后续净化选用 GPC，则需在浓缩前加入 2 ml 左右流动相将萃取溶剂替换掉，如用环己烷/乙酸乙酯替换二氯甲烷。

（5）脱硫

加大约 2 g（过量）干净的铜粉（至 0.5 ml 刻度）放离心管中。在机械振荡器上混合至少 1 min。用一支一次性使用的移液管，将萃取液吸出，使其与铜分离，并将其转移至一个干净的小瓶中。再用少量（0.5 ml）二氯甲烷清洗铜粉，小心移出萃取液，合并两次移出的萃取液。

当硫的污染不严重时，也可将铜粉铺在净化用层析柱或固相萃取小柱上层，可以将硫除去。沉积物提取液均应脱硫。如果使用 GPC 净化可省略此步骤。

（6）净化

当提取液浓缩后有较深的颜色时，需要净化，可根据分析目标物选择多种净化方式。当分析的目的是筛查全部半挥发性有机物时，应使用凝胶色谱净化方法。凝胶色谱理论上可以较好地保留邻苯二甲酸酯类、多环芳烃类、非挥发性氯代烃类、农药、有机磷类、硝基苯类等大部分半挥发性有机物。

当分析目的只关注半挥发性有机物中的部分组分，可采取下面推荐的不同吸附剂净化方法进行处理。目标物及净化方法见表 4-1。

表 4-1　目标分析物及适用净化方法

目标化合物	氧化铝	硅酸镁	硅胶	凝胶色谱
苯胺和苯胺衍生物		✓		
苯酚类			✓	✓
邻苯二甲酸酯类	✓	✓		✓
亚硝基胺类	✓	✓		✓
有机氯农药和 PCBs	✓	✓	✓	✓
硝基芳烃和环酮类		✓		✓
多环芳烃	✓		✓	✓
卤代醚		✓		✓
氯代烃类化合物		✓		✓
有机磷农药		✓		
多氯联苯		✓		✓
半挥发性有机物				✓

① 柱净化

氧化铝、硅酸镁和硅胶柱净化方法均会丢失部分组分，附录 A 介绍了硅酸镁和硅胶对目标化合物净化方法的具体操作步骤。其他净化方法在被证明有良好的效果，满足回收率要求时也可采用。

② 凝胶色谱净化

第一，使用 GPC 净化前必须用含有玉米油、芘和硫的 GPC 校准物进行校准。半挥发性有机物的收集液应该控制在玉米油出峰之后至硫出峰之前，应注意芘洗脱出以后，立即停止收集，记录该保留时间，然后配制一个曲线中间点浓度的半挥发混合标准溶液，应用此收集方法，检查目标物的回收率，满足方法要求后即可净化样品。

第二，将提取液浓缩至 2 ml 左右，然后用 GPC 的流动相定容至 GPC 定量环需要的体积，按照校准验证后的净化条件收集流出液，并检查目标物的净化回收率。

注：如果提取液中含水或有乳化现象，则必须脱水、破乳。

GPC 净化后的样品用旋转蒸发仪浓缩至 5 ml，转入浓缩管中，用微小 N_2 气吹至 1 ml 以下，定量加入内标使用液使其浓度和校准曲线中内标的浓度一致，混匀后转移至 2 ml 样品瓶中，待分析。

4.1.7　分析步骤

（1）标准曲线绘制

配制至少 5 个不同浓度的校准标准，其中 1 个校准标准的浓度应相当于或低于样品浓度，其余点应参考实际样品的浓度范围，应不超过气相色谱/质谱的定量范围。

用目标标准物和替代物标准中间使用液配制 1.0 μg/ml、2.0 μg/ml、5.0 μg/ml、10.0 μg/ml、20.0 μg/ml、40.0 μg/ml 系列标准溶液，加入内标使用液，使内标浓度为 20 μg/ml（因为土壤萃取液可能干扰较高，故需加入较高的内标浓度）。

（2）气相色谱参考条件

进样口温度　280℃，不分流，或分流进样（样品浓度较高或仪器灵敏度足够时）。

进样量　1μl。

柱流量　1.0 ml/min（恒流）。

柱温　35℃（2 min）→15℃/min→150℃（5 min）→3℃/min→290℃（10 min）。

（3）质谱参考条件

扫描质量范围　35~450 amu。

离子化能量　70 eV。

四极杆　150℃。

离子源温度　230℃。

接口温度　280℃。

全扫描（SCAN）　选择离子模式（SIM）。

溶剂延迟时间　5 min。

调谐方式　DFTPP。

（4）定性

提取液中的目标物的定性可通过全扫描 scan 模式进行标准谱库谱图检索，必要时借助软件扣除干扰的功能发现化合物主离子和特征离子并和标准谱图进行比对，难以分辨的同分异构体可通过标准物质的保留时间辅助谱库检索来定性。也可通过提取离子分析主离子碎片、特征碎片的丰度比与标准物谱图匹配来定性。

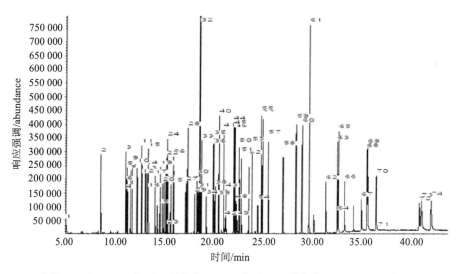

1．*N*-亚硝基二甲胺；2．2-氟酚（替代物）；3．苯酚-d$_6$（替代物）；4．双（2-氯乙基）醚；
5．2-氯苯酚；6．1,3-二氯苯；7．1,4-二氯苯-d$_4$（替代物）；8．1,4-二氯苯；9．1,2-二氯苯；
10．2-甲基苯酚；11．双（2-氯异丙基）醚；12．六氯乙烷；13．*N*-亚硝基二正丙胺；14．4-甲
基苯酚；15．硝基苯-d$_5$（替代物）；16．硝基苯；17．异佛尔酮；18．2-硝基苯酚；19．2,4-二
甲苯酚；20．双（2-氯乙氧基）甲烷；21．2,4-二氯苯酚；22．1,2,4-三氯苯；23．萘-d$_8$（内标）；
24．萘；25．4-氯苯胺；26．4-溴二苯基醚；27．六氯丁二烯；28．4-氯-3-甲基苯酚；29．2-甲
基萘；30．六氯环戊二烯；31．2,4,6-三氯苯酚；32．2,4,5-三氯苯酚；33．2-氟联苯（替代物）；
34．2-氯萘；35．2-硝基苯胺；36．苊；37．邻苯二甲酸二甲酯；38．2,6-二硝基甲苯；39．苊-d$_{10}$
（内标）；40．3-硝基苯胺；41．2,4-二硝基苯酚；42．苊烯；43．二苯并呋喃；44．4-硝基苯酚；
45．2,4-二硝基甲苯；46．芴；47．邻苯二甲酸二乙酯；48．4-氯苯基苯基醚；49．4-硝基苯胺；
50．4,6-二硝基-2-甲酚；51．偶氮苯；52．2,4,6-三溴酚（替代物）；53．4-溴二苯基醚；54．六
氯苯；55．五氯苯酚；56．菲-d$_{10}$；57．蒽；58．菲；59．咔唑；60．邻苯二甲酸二正丁酯；
61．荧蒽；62．芘；63．4,4'-三联苯-d$_{14}$；64．丁基苄基邻苯二甲酸酯；65．苯并[*a*]蒽；66．䓛-d$_{12}$
（内标）；67．䓛；68．双（2-乙基己基）邻苯二甲酸酯；69．邻苯二甲酸二正辛酯；70．苯并[*b*]
荧蒽；71．苯并[*k*]荧蒽；72．苯并[*a*]芘；73．芘-d$_{12}$；74．茚并（1,2,3-*cd*）芘；75．二苯并[*a,h*]
蒽；76．苯并[*g,h,i*]苝

图 4-1　参考条件下部分半挥发性有机物及内标化合物标准混合溶液谱图

（5）定量

在能够保证准确定性检出目标化合物时，用质谱图中特征离子的峰面积或峰
高定量，内标法定量。SCAN 或 SIM 采集方式均可，表 4-2 列出了部分半挥发性

目标物的主离子和特征离子等信息。

表 4-2 目标化合物的测定参考参数

序号	名 称	英文名	CAS No.（化学文献号）	出峰顺序	定量内标	定量离子（m/z）	定性离子（m/z）
1	N-亚硝基二甲胺	N-Nitrosodimethylamine	621-64-7	1	1	42	74 43
2	2-氟酚（替代物）	Phenol，2-fluoro-	367-12-4	2	1	112	64 92
3	苯酚-d56（替代物）	Phenol-d6	13127-88-3	3	1	99	71
4	苯酚	Phenol	108-95-2	4	1	94	66 40
5	双（2-氯乙基）醚	Bis（2-chloroethyl）ether	111-44-4	5	1	93	63 95
6	2-氯苯酚	2-Chlorophenol	95-57-8	6	1	128	93 63
7	1,3-二氯苯	Benzene，1,3-dichloro-	541-73-1	7	1	146	111 75
8	1,4-二氯苯-d54（内标1）	1,4-dichlorobenzene-d4	3855-82-1	8		150	115
9	1,4-二氯苯	Benzene，1,4-dichloro-	106-46-7	9	1	146	148 111
10	1,2-二氯苯	Benzene，1,2-dichloro-	95-50-1	10	1	146	148 111
11	2-甲基苯酚	2-methyl-Phenol	95-48-7	11	1	108	107 77
12	双（2-氯异丙基）醚	Bis（2-chloroisopropyl）ther	108-60-1	12	1	45	108 77
13	六氯乙烷	Hexachloroethane	118-74-1	13	1	117	109 201
14	N-亚硝基二正丙胺	N-Nitrosodi-n-propylamine	621-64-7	14	1	43	70 130
15	4-甲基苯酚	4-Methylphenol	106-44-5	15	1	107	108 77
16	硝基苯-d5（替代物）	Nitrobenzene-d5	4165-60-0	16	1	82	128 54
17	硝基苯	Benzene，nitro	98-95-3	17	1	77	123 51
18	异佛尔酮	Isophorone	78-59-1	18	1	82	138 54
19	2-硝基苯酚	2-Nitrophenol	88-75-5	19	2	139	65 81
20	2,4-二甲苯酚	2,4-dimethylphenol	105-67-9	20	2	107	122 77
21	双（2-氯乙氧基）甲烷	Methane，bis（2-chloroethoxy）	111-91-1	21	2	93	63 123
22	2,4-二氯苯酚	Phenol，2,4-dichloro	120-83-2	22	2	162	164 63
23	1,2,4-三氯苯	Benzene，1,2,4-trichloro	120-82-1	23	2	147	74 109
24	萘-d8（内标2）	Naphthalene-d8	1146-65-2	24	2	136	108
25	萘	Naphthalene	92-20-3	25	2	128	
26	4-氯苯胺	4-Chloroaniline	106-47-8	26	2	127	129 65
27	1,3-六氯丁二烯	1,3-Butadiene,1,1,2,3,4,4-hexachlor-	87-68-3	27	2	118	260 223
28	4-氯-3-甲基酚	Phenol，4-chloro-3-methyl	59-50-7	28	2	107	142 144 77
29	2-甲基萘	2-methyl-naphthalene	91-57-6	29	2	142	141 115

序号	名 称	英文名	CAS No.（化学文献号）	出峰顺序	定量内标	定量离子（*m/z*）	定性离子（*m/z*）
30	六氯环戊二烯	1,3-Cyclopentadiene，1,2,3,4,5,5-hexachloro	77-47-4	30	3	130	239　235
31	2,4,6-三氯苯酚	Phenol，2,4,6-trichloro	88-06-2	31	3	196	198　200
32	2,4,5-三氯苯酚	2,4,5-trochlorophenol	95-95-4	32	3	196	198　200
33	2-氟联苯（替代物）	1,1'-Biphenyl,2-fluoro	321-60-8	33	3	172	171　170
34	2-氯萘	Naphthalene，2-chloro	91-58-7	34	3	162	127
35	2-硝基苯胺	2-Nitroaniline	88-74-4	35	3	138	65　92
36	苊	Acenaphthylene	208-96-8	36	3	152	76
37	邻苯二甲酸二甲酯	Dimethyl phthalate	131-11-3	37	3	163	77
38	2,6-二硝基甲苯	2,6-Dinitrotoluene	606-20-2	38	3	165	63　89
39	苊-d_{10}（内标 3）	Acenaphthene-d10	15067-26-2	39		164	162　160
40	3-硝基苯胺	3-Nitroaniline	99-09-2	40	3	65	92　138
41	2,4-二硝基苯酚	2,4-Dinitrophenol	51-28-5	41	3	184	63 154
42	苊烯	Acenaphthene	83-32-9	42	3	153	76
43	二苯并呋喃	Dibenzofuran	132-64-9	43	3	168	139
44	4-硝基苯酚	4-Nitrophenol	100-02-7	44	3	139	65　109
45	2,4-二硝基甲苯	2,4-Dinitrotoluene	121-14-2	45	3	165	89　63
46	芴	Fluorene	86-73-7	46	3	166	82.4
47	邻苯二甲酸二乙酯	Diethyl Phthalate	84-66-2	47	3	149	177
48	4-氯苯基苯基醚	4-Chlorophenyl phenyl ether	7005-72-3	48	3	204	141　77
49	4-硝基苯胺	4-Nitroaniline	100-01-6	49	3	65	138　108
50	4,6-二硝基-2-甲酚	4,6-dinitro-2-methylphenol	534-52-1	50	3	198	51 105
51	偶氮苯	Azobenzene	103-33-3	51	3	77	182　51
52	2,4,6-三溴酚（替代物）	2,4,6-Tribromophenol	118-79-6	52	3	332	62　143
53	4-溴二苯基醚	4-Bromophenyl phenyl ether	101-55-3	53	4	250	141　77
54	六氯苯	Hexachlorobenzene	118-74-1	54	4	284	286　282
55	五氯苯酚	Pentachlorophenol	87-86-5	55	4	266	184
56	菲-d_{10}（内标 4）	Phenanthrene-d10	1517-22-2	56	4	188	80
57	菲	Phenanthrene	85-01-8	57	4	178	176　179
58	蒽	Anthracene	120-12-7	58	4	178	176　179
59	咔唑	Carbazole	86-74-8	59	4	167	166　139
60	邻苯二甲酸二正丁酯	Dibutyl phthalate	84-74-2	60	4	149	150　76
61	荧蒽	Fluoranthene	206-44-0	61	4	202	200　203
62	芘	Pyrene	129-00-0	62	5	202	200　201

序号	名　称	英文名	CAS No.（化学文献号）	出峰顺序	定量内标	定量离子（*m/z*）	定性离子（*m/z*）
63	4,4′-三联苯-d₁₄（替代物）	p-Terphenyl-d14	1718-51-0	63	5	244	245　243
64	丁基苄基邻苯二甲酸酯	Benzyl butyl phthalate	85-68-7	64	5	149	91　206
65	苯并[*a*]蒽	Benz[a]anthracene	56-55-3	65	5	228	226　229
66	䓛-d₁₂（内标5）	Chrysene-d12	1719-03-5	66	5	240	236　241
67	䓛	Chrysene	218-01-9	67	5	228	226　229
68	双（2-乙基己基）邻苯二甲酸酯	Bis（2-ethylhexyl）phthalate	117-81-7	68	5	149	167　57
69	邻苯二甲酸二正辛酯	Di-n-octyl phthalate	117-84-0	69	6	149	279
70	苯并[*b*]荧蒽	Benzo[b]fluoranthene	205-99-2	70	6	252	126　250
71	苯并[*k*]荧蒽	Benzo[k]fluoranthene	207-08-9	71	6	252	126　250
72	苝-d₁₂（内标6）	Perylene-d12	1520-96-3	72	6	264	260　263
73	苯并[*a*]芘	Benzo[a]pyrene	50-32-8	73	6	252	250　253
74	茚并[1,2,3-*c,d*]芘	Indeno[1,2,3-cd]pyrene	193-39-5	74	6	276	138　274
75	二苯并[*a,h*]蒽	Dibenz[a,h]anthracene	53-70-3	75	6	278	139　276
76	苯并[*g, h, i*]芘	Benzo[g,h,i]perylene	191-24-2	76	6	276	138　274

4.1.8　结果计算

目标化合物浓度的测定用校准曲线的平均相对响应因子$\overline{RF}$来定量目标化合物。计算公式如下：

$$X(\mu g/g) = \frac{(A_x)(I_s)(V_x)}{(A_{is})(\overline{RF})(m_x)} \tag{1}$$

式中：A_x——试样中目标化合物特征离子的峰面积；

　　　A_{is}——试样中内标化合物特征离子的峰面积；

　　　I_s——试样中内标的浓度，μg/ml；

　　　$\overline{RF}$——校准曲线平均相对响应因子；

　　　V_x——土壤试样浓缩定容体积，mL；

　　　m_x——土壤样品的干基质量，g。

相对响应因子和平均相对响应因子的计算公式如下：

$$\text{RFs} = \frac{A_s \times C_{is}}{A_{is} \times C_s} \qquad (2)$$

式中：A_s——校准曲线中任一点目标化合物或替代物的定量离子峰面积；

　　　A_{is}——校准曲线中内标物的定量离子峰面积；

　　　C_s——校准曲线中任一点目标化合物或替代物的浓度，μg/ml；

　　　C_{is}——内标物浓度，μg/ml。

$$\overline{\text{RF}} = \frac{\sum_{i=1}^{n} RF_i}{n} \qquad (3)$$

$$\text{SD} = \sqrt{\frac{\sum_{i=1}^{n}(RF_i - \overline{\text{RF}})^2}{n-1}} \qquad (4)$$

$$\text{RSD} = \frac{\text{SD}}{\overline{\text{RF}}} \times 100\%$$

式中：RF_i——每个校准标准溶液的响应因子；

　　　$\overline{\text{RF}}$——各种化合物初始校准响应因子的平均值；

　　　n——校准标准溶液的个数，例如 5；

　　　SD——标准偏差，RSD 为相对标准偏差。

4.1.9　质量保证和质量控制

（1）空白

① 试剂空白

所使用的有机试剂均应浓缩后（浓缩倍数视分析过程中最大浓缩倍数而定）进行空白检查，试剂空白测试结果中目标物浓度应低于方法检出限。

② 全程序空白

全程序空白实验的目的是为了检查样品分析的全过程是否受到污染。全程序空白可用处理过的河砂或石英砂替代样品，按照与样品相同的操作步骤进行样品制备、前处理、仪器分析并处理数据。

全程序空白应每批样品（1 批最多 20 个样品）做一个，前处理条件或试剂变化时均要重新做全程序空白，全程序空白中检出每个目标化合物的浓度不得超过方法的定量检出限。全程序空白中加入替代标。

全程序空白中每个内标特征离子的峰面积要在同批连续校准点中内标特征离

子的峰面积的–50%～100%。其每个内标的保留时间与在同批连续校准点中相应内标保留时间相比，偏差要求在 30 s 以内。

（2）仪器性能

用 2 ml 试剂瓶装入未经浓缩的二氯甲烷，按照样品分析的仪器条件走一个空白，TIC 谱图中应没有干扰物。干扰较多或样品浓度较高的进针后也应做一个这样的空白检查，如果出现较多的干扰峰或高温区出现干扰峰或流失过多，应检查污染来源，必要时采取更换衬管、清洗离子源或保养、更换色谱柱等措施。

进样口惰性检查：DDT 降解为 DDE 和 DDD 的比例不可超过 20%。对二氨基联苯和五氯苯酚不应出现任何拖尾。如果 DDT 衰减过多或出现较差的色谱峰，则需要清洗或更换进样口，同时还要截取毛细管前端的 2～12 英寸。

仪器真空度检查：应保证质谱系统保持 10^{-5}～10^{-6}Torr 的真空，水和空气的质量碎片峰低于 69 质量碎片的 20%。

质谱检查：配制 50 ng/µl 十氟三苯基磷（DFTPP）直接进 1 µl 入色谱，得到的质谱图必须全部符合表 4-3 中的标准。

表 4-3 十氟三苯基磷（DFTPP）离子丰度规范要求

质荷比（*m/z*）	相对丰度规范	质荷比（*m/z*）	相对丰度规范
51	198 峰（基峰）的 30%～60%	199	198 峰的 5%～9%
68	小于 69 峰的 2%	275	基峰的 10%～30%
70	小于 69 峰的 2%	365	大于基峰的 1%
127	基峰的 40%～60%	441	存在且小于 443 峰
197	小于 198 峰的 1%	442	基峰或大于 198 峰的 40%
198	基峰，丰度 100%	443	442 峰的 17%～23%

（3）校准曲线检查

① 分析之前必须经过系统性能的检查，保证校准曲线达到最小的平均响应因子。对于半挥发性化合物，用一些较为活跃的化合物来检查，例如 *N*-亚硝基二正丙胺、六氯环戊二烯、2,4-二硝基苯酚及 4-硝基酚。

上述化合物最小的可接受平均响应因子为 0.05。它们通常有较低的响应因子，并且随着色谱系统或者标准物质的衰减而趋向减少。如果在保证标准物质不变的情况下，响应变差反映了仪器系统的问题。系统必须进行评估、维护并在样品分析之前进行校准。系统校准时它们必须满足最低的要求。

② 计算每种目标分析物的平均相对响应因子，如果校准化合物的相对标准偏差超过 30%，说明系统活跃而不能分析，必须进行必要的维护。

③ 每 24 小时重新检查校准曲线，如果校准化合物的响应因子相对偏差大于 20%，则需要重新校准。

④ 内标物的保留时间：样品中内标的保留时间应和最近校准中内标的保留时间偏差不能大于 30 s，否则需要检查色谱系统或重新校准。

（4）**基体干扰检查**

每批样品（1 批中最多 20 个样品）须做 1 对基体加标样，加标浓度为原样品浓度的 1～5 倍或曲线中间浓度点，加标样与原样品在完全相同的测试条件下进行分析。加标化合物可以根据目标化合物选择，当替代物不能满足需要时可直接加入目标化合物。

4.1.10 方法的性能指标

（1）**检出限**

按照样品分析的全部步骤，对浓度值或含量为估计方法检出限值 2～5 倍的样品进行 n（$n \geqslant 7$）次平行测定，计算 n 次平行测定的标准偏差：

$$MDL = t_{(n-1,\ 0.99)} \times S - 方法检出限$$

式中：n ——样品的平行测定次数；

t ——自由度为 $n-1$，置信度为 99%时的 t 分布（单侧）；7 次 t 值为 3.143；

S —— n 次平行测定的标准偏差。

由于仪器和前处理方法的差异，多种半挥发性有机物各个实验室的检出限会存在一定差异，因此建议选择浓度从 10 倍仪器检出限开始。如果达到至少有 50% 的被分析物样品浓度在 3～5 倍计算出的方法检出限的范围内，同时，至少 90% 的被分析物样品浓度在 1～10 倍计算出的方法检出限的范围内，其余不多于 10% 的被分析物样品浓度不应超过 20 倍计算出的方法检出限。若满足上述条件，说明用于测定 MDL 的初次样品浓度比较合适。对于个别特殊响应的目标化合物应单独配制合适浓度。

（2）**精密度**

用干净河砂或石英砂替代土壤样品作为空白样品，分别加入低（测定下限附近）、中、高 3 个不同浓度的标准混合物和替代物，按照样品分析的全程序过程每个浓度分析 5～6 个平行样品，计算其标准偏差和相对标准偏差 RSD，以相对标准偏差表示精密度。

单个实验室对 20 g 空白样品添加液态标准物质后浓度为 0.25 μg/g、0.5 μg/g 和 1.0 μg/g 的 64 种半挥发性有机物混标统一样品进行了测定，实验室内相对标准偏差分别为：5%~27%、2%~35%和5%~29%，见表4-4。

表4-4 单一实验室内方法的精密度和准确度结果

化合物名称	检出限/（μg/kg）	测定下限/（μg/kg）	空白加标提取液浓度			实际样品加标回收率/%	
			5 μg/L	10 μg/L	20 μg/L	砂质土	耕作土
			RSD/%	RSD/%	RSD/%	1.0 μg/kg	1.0 μg/kg
N-亚硝基二甲胺	63.0	252	10	18	11	41	42
2-氟酚（替代物）	68.1	272	9	25	23	58	41
苯酚	51.5	206	11	20	12	66	42
双（2-氯乙基）醚	58.4	234	8	18	21	64	45
2-氯苯酚	69.2	277	9	7	11	63	47
1,3-二氯苯	47.3	189	10	25	21	49	37
1,4-二氯苯	49.9	200	10	24	21	47	39
1,2-二氯苯	46.4	186	9	21	21	48	37
2-甲基酚	53.3	213	9	7	23	74	36
双（2-氯异丙基）醚	83.0	332	8	18	21	61	48
六氯乙烷	60.7	243	10	29	23	50	53
N-亚硝基二正丙胺	66.7	267	12	12.4	11	46	51
4-甲基苯酚	57.5	230	8	15	13	74	44
硝基苯-d_5（替代物）	85.5	342	16	23	20	61	50
硝基苯	93.4	374	11	29	20	57	45
异佛尔酮	63.8	255	9	21	9	59	48
2-硝基苯酚	74.5	298	8	13.4	14	49	59
2,4-二甲苯酚	53.4	214	5	15.2	9	50	48
双（2-氯乙氧基）甲烷	36.3	145	12	17.3	17	55	55
2,4-二氯苯酚	73.3	293	10	15	12	89	62
1,2,4-三氯苯	46.3	185	8	15	18	65	42
萘	62.8	251	7	10	16	74	48
4-氯苯胺	58.4	233	12	15	18	45	52
1,3-六氯丁二烯	47.9	192	7	15	19	59	51
4-氯-3-甲基苯酚	62.3	249	8	9	12	58	73
2-甲基萘	78.8	315	8	3	16	48	56
六氯环戊二烯	79.4	317	14	30	7	61	65
2,4,6-三氯苯酚	55.2	221	15	31	28	54	72

化合物名称	检出限/(μg/kg)	测定下限/(μg/kg)	空白加标提取液浓度			实际样品加标回收率/%	
			5 μg/L	10 μg/L	20 μg/L	砂质土	耕作土
			RSD/%	RSD/%	RSD/%	1.0 μg/kg	1.0 μg/kg
2,4,5-三氯苯酚	60.3	241	18	38	10	56	92
2-氟联苯（替代物）	53.5	214	11	10	10	50	63
2-氯萘	117.1	468	10	8	10	70	49
2-硝基苯胺	76.7	307	9	13	18	71	75
苊烯	90.9	364	6	4	16	51	64
邻苯二甲酸二甲酯	57.9	232	13	12	13	61	60
2,6-二硝基甲苯	82.9	332	10	29	11	56	66
3-硝基苯胺	110.9	444	21	15	15	57	51
2,4-二硝基苯酚	15.2	61	18	13	14	56	52
苊	86.4	345	15	2	12	70	60
二苯并呋喃	88.3	353	5	4	8	65	71
4-硝基苯酚	92.2	369	9	15	24	51	75
2,4-二硝基甲苯	77.1	308	9	22	13	65	83
芴	76.6	307	6	5	7	67	76
邻苯二甲酸二乙酯	99.7	399	20	11	15	68	91
4-氯苯基苯基醚	70.6	283	5	3	7	63	78
4-硝基苯胺	98.2	393	7	11.9	18	58	48
4,6-二硝基-2-甲酚	98.3	393	22	13.8	28	53	49
偶氮苯	92.1	368	6	3	9	62	79
2,4,6-三溴酚（替代物）	94.7	379	19	35	24	65	99
4-溴二苯基醚	124.1	496	5	7	7	68	84
六氯苯	111.2	445	6	2	6	68	84
五氯苯酚	105.8	423	27	35	16	60	100
菲	101.5	406	6	10	8	91	99
蒽	118.8	475	7	7	8	70	89
咔唑	114.6	458	6	8	11	71	106
邻苯二甲酸二正丁酯	120.5	482	7	14	14	99	131
荧蒽	137.5	550	8	6	15	115	105
芘	127.2	509	8	6	19	106	103
4,4'-三联苯-d_{14}（替代物）	125.7	503	10	15	7	85	110
丁基苄基邻苯二甲酸酯	189.7	759	12	28	13	52	122

化合物名称	检出限/(μg/kg)	测定下限/(μg/kg)	空白加标提取液浓度			实际样品加标回收率/%	
			5 μg/L	10 μg/L	20 μg/L	砂质土	耕作土
			RSD/%	RSD/%	RSD/%	1.0 μg/kg	1.0 μg/kg
苯并[a]蒽	121.3	485	8	5	13	100	111
䓛	135.5	542	8	4	5	113	107
双（2-乙基己基）邻苯	116.0	464	10	29	9	91	101
邻苯二甲酸二正辛酯	254.3	1017	10	18	29	69	134
苯并[b]荧蒽	174.4	697	10	4	14	120	119
苯并[k]荧蒽	112.6	451	10	3	9	116	104
苯并[a]芘	108.1	432	8	12	6	65	81
茚并（1,2,3-cd）芘	62.4	250	14	6	17	116	131
二苯并[a,h]蒽	106.4	426	9	3	12	92	126
苯并[g,h,i]芘	98.3	393	19	15	12	105	117

精密度数据：单个实验室对 5～6 个 20g 空白样品加入不同浓度液态标准物质进行全程序试验；准确度数据：单个实验室对 5～6 个实际样品 20g 加入 20μg 液态标准物质；前处理方法：使用加压流体萃取、GPC 净化、氮吹结合平行负压快速浓缩方法，定量采用全扫描。

（3）准确度

对于单个实验室，如果有土壤有证标准物质，按照样品分析的全程序过程分析 5～6 个平行样品，计算每次测定值相对误差、相对误差均值 $\overline{RE}$ 及相对误差标准偏差 $S_{\overline{RE}}$，最终以 $\overline{RE} \pm 2S_{\overline{RE}}$ 表示准确度。

没有标准物质时，可用实际样品加标，测定 5～6 个平行样品，测定其加标回收率，以此表示准确度。

单个实验室选择砂质土和耕作土 20g，实际土壤样品加入 20 μg 液态混合标准物，64 种半挥发性有机物加标回收率范围分别为：41%～116% 和 42%～134%，见表 4-4。

4.1.11 废弃物的处理

试验中所产生的所有废液和其他废弃物（包括检测后的残液）应集中存放，并附警示标志，送具有资质单位集中处置。

4.1.12　注意事项

① 对多组分化合物（如毒杀芬、多氯联苯等）的定量分析超出了本方法的范围。一般而言，定量分析采用气相色谱电子捕获检测器，当浓缩样品提取液中它们的浓度不低于 10 ng/μl 时，可以用本方法来确认。

② 在半挥发性有机物中属于较易挥发的那部分化合物（如苯酚、萘、硝基苯）浓缩时会有损失，特别是氮吹时应注意控制氮气流量，不要有明显涡流。采用其他浓缩方式时，应控制好加热的温度或真空度。

③ 本方法可以用于分析多种 SVOCs，也适应分析某一类或单个半挥发性有机物，故内标和替代物应根据分析的化合物确定选择一种或几种。

4.1.13　资料性附录：硅酸镁和硅胶柱净化参考方法

（1）硅酸镁载体的准备

硅酸镁载体：农药残留物（PR）级（60 或 100 目），储存于带磨口玻璃塞或衬箔的螺旋盖玻璃容器中。

① 硅酸镁载体的脱活：用于邻苯二甲酸酯类净化。放入 100 g 硅酸镁载体于 500 ml 烧杯中，并在 140℃加热大约 16 h。加热后，转移至 500 ml 试剂瓶中。密封并冷却至室温。冷却后，加 3 ml 试剂水。摇荡或转动 10 min 以充分混合，放置至少 2 h，将瓶密封严实。　·

② 硅酸镁载体的活化：对于亚硝胺、有机氯农药和多氯联苯类（PCBs）、硝基芳香化合物卤代醚类、氯代烃类和有机磷农药的净化。使用前，用玻璃容器盛装硅酸镁填料，用铝箔轻盖上面，在 130℃烘至少 16 h。然后放入干燥器中冷却硅酸镁载体（不同的批料或不同来源的硅酸镁载体，其吸附能力可能不同）。吸附能力用月桂酸值评价，测定每克硅酸镁载体吸附己烷溶液中月桂酸的量（mg）。

$$每批柱子所需硅酸镁用量（g）= 月桂酸值/110×20 g$$

月桂酸值的测定：准确称取 2 g 活化的硅酸镁于 125 ml 具塞玻璃锥形瓶中，向瓶中加入 20.0 ml 月桂酸溶液，加盖，间歇振荡 15 min。静置、澄清，取 10.0 ml 上清液于 125 ml 锥形瓶中。向烧瓶中加 60 ml 的乙醇和 3 滴酚酞指示剂。

标定：用 0.05 mol/L 的氢氧化钠溶液滴定烧杯中的溶液，直至滴定终点（烧杯中溶液显示指示剂颜色 1 min）。则月桂酸值用下式计算：

$$月桂酸值=200–NaOH 滴定体积×NaOH 浓度$$

（2）邻苯二甲酸酯类的净化

① 在净化之前，将样品提取液体积减至 2 ml，萃取溶剂应为己烷。

② 将 10 g 硅酸镁载体加入到 10 mm 内径的层析柱中。轻敲柱子以填实硅酸镁载体并加 1 cm 的无水硫酸钠至柱子顶端。

③ 用 40 ml 己烷预洗脱柱。洗脱速度应大约为 2 ml/min。弃去这部分洗脱液，至刚好浸没硫酸钠时关闭活塞，定量转移 2 ml 样品提取液至柱上，再用 2 ml 己烷清洗并完成转移，打开活塞，当硫酸钠层刚要暴露于空气之前，加 40 ml 己烷并继续洗脱柱子，弃去此己烷洗脱液。

④ 用 100 ml 20%乙醚-己烷混合液（V/V）洗脱柱子，收集全部流出液，所洗脱的化合物有：双（2-乙基己基）邻苯二甲酸酯；丁基苄基邻苯二甲酸酯；邻苯二甲酸二正丁酯；邻苯二甲酸二乙酯；邻苯二甲酸二甲酯；邻苯二甲酸二正辛酯。

⑤ 如果使用硅酸镁固相萃取净化小柱，则应使用正己烷至少 5 ml 平衡小柱，放掉这部分正己烷。将浓缩提取液全部转移至小柱（操作要点同上），不要让小柱干涸。加入 10 ml 丙酮/正己烷（1：9，V/V）收集洗脱液。

（3）亚硝胺类

① 在净化之前，将样品提取液浓缩至 2 ml。

② 将 10～20 g 活化的硅酸镁放入一支玻璃层析柱中，轻敲柱子以填实硅酸镁载体，并加大约 5 mm 的无水硫酸钠至柱顶部。

③ 用 40 ml 乙醚/戊烷（15：85）（V/V）预洗脱柱子，弃去洗脱液，正当硫酸钠层要暴露于空气之前定量地转移 2 ml 样品提取物至柱上，再用另外 2 ml 戊烷清洗并完全转移。

④ 用 90 ml 乙醚/戊烷（15：85）（V/V）洗脱柱子，并弃去洗脱液。此级流分将包含二苯胺，若其存在于提取物中。

⑤ 用 100 ml 丙酮/乙醚（5：95）（V/V）洗脱柱子，收集全部流出液，此洗脱液含所有亚硝基苯胺类化合物。

（4）有机磷农药

① 60 ml 正己烷预洗层析柱（层析柱装填同上），弃去，然后将 2 ml 提取液全部转移至层析柱。用 200 ml 乙醚/正己烷（6：94，V/V）淋洗，收集全部洗脱液，此部分流出液含有环醚类化合物。

② 再用 200 ml 乙醚/正己烷（50：50，V/V）淋洗，收集全部洗脱液，再用 200 ml 乙醚/正己烷（15：85，V/V）淋洗，收集全部洗脱液，再用 200 ml 乙醚洗脱，收集全部洗脱液；上述四次洗脱将全部有机磷农药分别洗出，如果不单独分

析可合并上述淋洗液，浓缩待用。

（5）**硝基芳香化合物和异佛尔酮**

① 在净化之前，将样品提取物的体积减少至 2 ml。

② 制备 10 g 硅酸镁层析柱，用二氯甲烷/正己烷（1∶9）（V/V）预洗，调整洗脱速度至大约 2 ml/min。弃去淋洗液。

③ 然后将 2 ml 提取液全部转移至层析柱。用 30 ml 二氯甲烷/正己烷（1∶9）（V/V）淋洗，弃去洗脱液。用 90 ml 乙醚/戊烷（15∶85，V/V）淋洗，这部分洗脱液含有二苯胺。全部洗脱液，加 100 ml 丙酮/乙醚（5∶95，V/V）继续洗脱柱子，这部分洗脱液含有硝基芳香烃。

④ 用 30 ml 丙酮-二氯甲烷（1∶9）（V/V）洗脱，该部分洗脱的化合物为：2,4-二硝基甲苯；2,6-二硝基甲苯；异佛尔酮；硝基苯，注意浓缩时将溶剂更换为正己烷。

（6）**氯代烃类**

① 在净化之前，将样品萃取液的体积减少至 2 ml；提取溶剂必须是己烷。

② 将 12 g 硅酸镁放入一支 10 mm 内径的色谱柱中。轻敲柱子以填实硅酸镁载体。并加 1～2 cm 无水硫酸钠至顶端。

③ 用 100 ml 石油醚预洗脱柱。弃去洗脱液，当硫酸钠层将暴露于空气之前，将提取液全部转入层析柱，弃去这部分淋洗液。再用 200 ml 石油醚洗脱柱，并收集洗脱液，包含所有氯代烃类：2-氯萘；1,2-二氯苯；1,3-二氯苯；1,4-二氯苯；六氯苯；六氯丁二烯；六氯环戊二烯；六氯乙烷；1,2,4-三氯苯。

（7）**硅胶**

（100～200 目）的色谱纯级硅胶用前需进行活化和净化处理。硅胶的活化应在 130℃，维持 16 h。

（8）**酚类衍生物**

① 现将样品中的酚类用五氟苄基溴衍生化，样品萃取液应在 2 ml 的正己烷中。

② 将 4 g 活性硅胶加入内径 10 mm 的层析柱内。轻敲层析柱使硅胶填实并在硅胶的顶部加入 2 g 无水硫酸钠。

③ 以 6 ml 正己烷预洗柱。淋洗速度应控制在 2 ml/min。弃去淋洗液，在硫酸钠层将暴露于空气之前，吸移 2 ml 含有衍生样品或标准物质的正己烷溶液于柱上。用 10.0 ml 的正己烷淋洗柱并弃去淋洗液。

④ 以如下溶液依次淋洗柱：10.0 ml 含 15%甲苯的正己烷溶液（成分 1）；10.0 ml 含 40%甲苯的正己烷溶液（成分 2）；10.0 ml 含 75%甲苯的正己烷溶液

（成分 3）和 10.0 ml 含 15%异丙醇的甲苯溶液（成分 4）。所有的洗脱混合物都以体积比配制。酚类衍生物的淋洗模式列于表 4-5。根据欲测定的特定酚类或干扰物浓度，分步收集、混合或分别分析。

表 4-5　PFBB 衍生物的硅胶分离

化合物	级分*的百分回收率/%			
	1	2	3	4
2-氯苯酚		90	1	
2-硝基苯酚			9	90
苯酚		90	10	
2,4-二甲基苯酚		95	7	
2,4-二氯苯酚		95	1	
2,4,6-三氯苯酚	50	50		
4-氯-3-三甲基苯酚		84	14	
五氯苯酚	75	20		
4-硝基苯酚			1	

*洗脱物成分：级分 1——含 15%甲苯的己烷溶液；级分 2——含 40%甲苯的己烷溶液；级分 3——含 75%甲苯的己烷溶液；级分 4——含 15%异丙醇的甲苯溶液。

硅胶净化多环芳烃的方法见有关标准方法。

4.2　土壤中有机氯农药的测定　气相色谱-质谱法

警告：试验中所用到的有机溶剂及标准物质均为有毒有害物质，配制过程应在通风橱中进行操作；应按规定佩戴防护器具，避免接触皮肤和衣服。

4.2.1　适用范围

本方法规定了土壤中有机氯农药的气相色谱-质谱测定方法。

本方法适用于土壤中六六六、艾氏剂、七氯、环氧七氯、硫丹Ⅰ、硫丹Ⅱ、狄氏剂、异狄氏剂、硫丹硫酸酯、异狄氏剂醛、4,4′-DDE、4,4′-DDD、4,4′-DDT、甲氧滴滴涕、六氯苯、灭蚁灵等有机氯农药的测定。其他有机氯农药如果通过验证也可适用本标准。

本方法的检出限随仪器灵敏度、前处理方法及样品的干扰水平等因素而变化。

4.2.2　规范性引用文件

本方法内容引用了下列文件或其中的条款。凡是不注明日期的引用文件，其有效版本适用于本标准。

HJ/T 166　土壤环境监测技术规范

4.2.3　方法原理

土壤中有机氯农药（Organic chlorine Pesticides，OCPs）采用适合的萃取方法（索氏提取、加压流体萃取等）提取，提取液用硅酸镁（弗罗里硅土）柱或 GPC（凝胶色谱）等不同净化方法去除干扰物，浓缩后加入内标进气相色谱/质谱（GC/MS）定性、定量分析。

4.2.4　试剂和材料

除非另有说明，分析时均使用符合国家标准的分析纯化学试剂，实验用水为新制备的去离子水或蒸馏水。

（1）有机溶剂

丙酮、正己烷、二氯甲烷、乙酸乙酯、环己烷或其他等效有机溶剂均为农药残留分析纯级，在使用前应先进行排气。

（2）硫酸溶液

硫酸溶液（H_2SO_4/H_2O）：1：1。

用 98% 的硫酸和水配制成体积比为 1：1 的硫酸溶液。

（3）OCPS 标准溶液

① 标准储备液，ρ=1～5 mg/ml。用纯品有机氯农药配制或已配好的有证标准储备液。例如，2 000 mg/L（甲苯溶剂），OCPS 混标。

② 中间使用液，将上述 OCPS 储备液或纯品根据所配标准曲线的范围先稀释到一个中间浓度，例如，取 1.0 ml 标准储备液于 10 ml 容量瓶中，用正己烷定容，200 mg/L，再稀释成不同浓度的标准系列。此中间使用液可分装密封保存于 4℃或 –20℃ 的冰柜中。

（4）内标，五氯硝基苯

① 内标储备液，ρ=5 mg/ml。直接购有证标准储备液或用有证纯品配制，甲醇作溶剂；五氯硝基苯标准使用液所有提取样品、全程序空白、校准曲线等均应在定容前加入同样浓度的内标。

② 内标中间使用液，ρ=5 μg/ml。将储备液稀释成 500 μg/ml。校准曲线和所

有样品定容前都要加入内标，浓度在曲线的中间点。

（5）替代物

替代物：十氯联苯或 2,4,5,6-四氯-间-二甲苯和十氯联苯。

① 替代物储备液，ρ=2～4 mg/ml。可直接购买有证标准溶液，也可用标准物质制备。

② 中间使用液浓度，ρ=100～200 µg/ml。在提取前加入所有样品中，包括空白和质控样品，加入量应不低于校准曲线的中间点浓度。

（6）十氟三苯基磷

十氟三苯基磷，ρ=50 mg/ml。可直接购买有证标准溶液，也可用标准物质制备，稀释成上述浓度。

注意：（3）、（4）、（5）和（6）中的标准均应置于−10℃以下避光保存，存放期间定期检查溶液的降解和蒸发情况，特别是使用前应检查其变化情况，一旦蒸发或降解应重新配制，注意应恢复到室温后使用。

（7）GPC 校准溶液

GPC 校准溶液：适当浓度，保证在紫外检测器有明显完整明显峰型。

含有玉米油、双（2-乙基乙基）邻苯二甲酸酯、甲氧滴滴涕、芘和硫。可直接购买有证标准溶液，也可用标准物质制备。

（8）干燥剂

干燥剂：硫酸钠 Na_2SO_4（分析纯）或粒状硅藻土。

400℃焙烧 2 h，然后将温度降至 100℃，关闭电源转入干燥器中，冷却后装入试剂瓶中密封，保存在干燥器中，如果受潮需再次处理。或用二氯甲烷提取净化，并对二氯甲烷提取液进行检查证明干燥剂无目标物或有机物干扰。

（9）铜粉，分析纯

使用前用稀硝酸浸泡去除表面氧化物，然后用试剂水洗去所有的酸，再用丙酮清洗，然后用氮气吹干待用，每次临用前处理，保持铜粉表面光亮。

（10）硅酸镁吸附剂

硅酸镁吸附剂：农残级（在 675℃下活化，适用于农残分析）、100～200目。临用前将纯化的硅酸镁放在一玻璃器皿中，用铝箔盖住，防止异物玷污，然后放入温度为 130℃的烘箱活化过夜（12 h 左右）。活化之后应放置在干燥器中备用。

（11）玻璃层析柱

玻璃层析柱：下端具筛板，内径 20 mm 左右，长 10～20 cm 的带聚四氟乙烯阀门。

（12）硅酸镁层析柱

硅酸镁层析柱：先将用有机溶剂浸提干净的脱脂棉加之玻璃层析柱底部，然后加入 10～20 g 活化后填料经活化的硅酸镁吸附剂。轻敲柱子，使填料堆积得更致密。在硅酸镁层之上再填厚 1～2 cm 的无水硫酸钠。用 60 ml 正己烷淋洗，如果填料中存在明显的空气会影响吸附效果。当溶剂通过柱体开始流出后关闭阀柱，浸泡填料至少 10 min，然后打开开关继续加入正己烷，至全部流出，剩余溶剂刚好淹没硫酸钠层，关闭活塞待用。如果填料干涸，需要重新处理（临用时装填）。

（13）固相萃取柱

固相萃取柱：1 g 硅酸镁净化固相萃取柱。

（14）载气

载气：高纯氦气（纯度≥99.99%）。

4.2.5 仪器和设备

① 气相色谱/质谱联用仪：电子轰击（EI）电离源，每秒或少于 1 s 可以完成 35～500 amu 扫描，配备 NIST 谱库。

② 凝胶色谱仪：具紫外检测器，净化柱调料为 Bio Beads 或同等规格的填料。

③ 浓缩装置：旋转蒸发装置或 K-D 浓缩器、浓缩仪等性能相当的设备。

④ 色谱柱：（5%-苯基）-甲基聚硅氧烷；非极性；极低的色谱柱流失特性 30 m×0.25 mm×0.25 μm，色谱柱或同等规格的色谱柱。

⑤ 分析天平：精确至 0.01 g。

⑥ 研钵：玻璃或玛瑙材质。

⑦ 固相萃取装置：手动或自动。

⑧ 其他实验室常用仪器。

4.2.6 样品

（1）采集与保存

参照 HJ/T 166 中有关要求采集有代表性的土壤样品，保存在事先清洗洁净，并用有机溶剂处理不存在干扰物的磨口棕色玻璃瓶中。运输过程中应密封避光、冷藏保存，途中避免干扰引入或样品的破坏，尽快运回实验室进行分析。如暂不能分析应在 4℃ 以下冷藏保存，用于测定有机氯农药的样品保存时间为 10 天。

（2）试样的制备

除去枝棒、叶片、石子等异物，将所采全部样品完全混匀。需要风干的固体废物放在事先用有机溶剂清洗过的金属盘中，在室温下避光、干燥。也可用硅藻土将样品拌匀，直至样品呈散粒状。具体步骤可参考提取方法。

注：干燥、研细的样品对于提取不挥发、非极性的有机物有较好的提取效果。风干不适于处理易挥发的有机氯农药（如六六六）等。冷冻干燥是处理这类样品的最佳选择。

（3）含水率的测定

取 5 g（精确至 0.01 g）样品在（105±5）℃下干燥至少 6 h 恒重，以烘干前后样品质量的差值除以烘干样品的质量再乘以 100，计算样品含水率 w（%），精确至 0.1%。

（4）试样的预处理

① 萃取

试样量依据具体萃取方法而定，一般称取 20 g 试样进行萃取。萃取方法可选择索氏提取、自动索氏提取、加压流体萃取或超声萃取等，萃取溶剂为二氯甲烷/丙酮（1+1）或正己烷/丙酮（1+1）。

加速溶剂萃取　将制备好的样品转移到合适大小的萃取池中。一般 11 ml 的池子可装 10 g 样品，22 ml 可装 20 g 样品，33 ml 的池子可装 30 g 样品。实际上，可萃取的样品的准确重量和样品的比重、所参加的干燥剂有关，要保证所称样品加入这些干燥剂等试剂之后能够装入萃取池，同时也应选择较大萃取池可以加大萃取样品量，从而提高分析灵敏度。萃取池中的空余可装入处理过的干净砂子（减少萃取中使用的溶剂量），也可在样品中加入硅藻土，在萃取过程中将剩余少量水分出去。

溶剂选择　根据加速溶剂仪使用说明选择合适溶剂，也可以选择已经证明有同等萃取效率的任何溶剂。本方法推荐使用溶剂：丙酮/正己烷（1：1，V/V），或丙酮/二氯甲烷（1：1，V/V），或正己烷/二氯甲烷（1：1，V/V）。

萃取条件　可根据仪器使用说明优化条件：一般情况下，压力不是最关键的参数，因为加压的主要目的是阻止溶剂在高温下沸腾，使其处于溶液状态，并和样品有最好的接触（有利于溶剂进入低压时封闭的微孔），因此，在 10 350～13 800 kPa 都是有效的。

本方法推荐条件：

加热温度：100℃

压力：10 350～13 800 kPa

静态萃取时间：5 min（5 min 预加热平衡）

淋洗体积：60% 池体积

氮气吹扫：60 s，1 035 kPa（可根据萃取池体积增加吹扫时间）

静态萃取次数：1～2 次

② 脱水和浓缩

如果萃取液存在明显水分，需要脱水。在玻璃漏斗上垫上一层玻璃棉或玻璃纤维滤膜，铺加约 5 g 无水硫酸钠，将萃取液经上述漏斗直接过滤到浓缩器皿中，每次用少量萃取溶剂充分洗涤萃取容器，将洗涤液也倒入漏斗中，重复 3 次。最后再用少许萃取溶剂冲洗无水硫酸钠，待浓缩。

浓缩方法推荐使用以下 3 种方式，也可选择 K-D 浓缩等其他浓缩方式。

氮吹　萃取液转入浓缩管或其他玻璃容器中，开启氮气至溶剂表面有气流波动但不形成气涡为宜。氮吹过程中应将已经露出的浓缩器管壁用正己烷反复洗涤多次。

减压快速浓缩　将萃取液转入专用浓缩管中，根据仪器说明书设定温度和压力条件，进行浓缩。

旋转蒸发浓缩　将萃取液转入合适体积的旋转瓶中，根据仪器说明书或萃取液沸点设定温度条件[例如二氯甲烷/丙酮设定可 50℃左右，正己烷/丙酮（1+1）可设定 60℃左右]，浓缩至 2 ml，转出的提取液需要再用小流量氮气浓缩至 1 ml。

注：如果净化选用 GPC，则需在浓缩前加入 2 ml 左右 GPC 流动相替换原萃取溶剂。

③ 脱硫

脱硫方法有以下两种方式：

首先，将上述萃取液转移至 5 ml 离心管，加入 2 g 铜粉，在机械振荡器上混合至少 5 min。用一次性移液管将萃取液吸出，待下一步净化。

其次，可将适量铜粉铺在硅酸镁层析柱或固相萃取柱上层，将萃取液在铜粉层停留 5 min。

注：如果使用 GPC 净化萃取液，可省略脱硫步骤。

④ 净化

当提取液浓缩后有较深的颜色时，应采取适当的净化方法进行处理。本标准提供下列 3 种净化措施，其他净化方法在被证明有良好的效果和满足回收率要求时均可采用。

硫酸磺化法　将提取液浓缩至 1 ml 或 2 ml，加入 5 ml 硫酸溶液，盖紧样品瓶振荡或用涡流振荡器低速振荡 1 min。如果两相分离干净明显，则可小心分离出正己烷相，另取 1～2 ml 正己烷加入硫酸相继续振荡将硫酸相残留的 PCBs 分离干净，合并两次有机相；如果一次洗涤正己烷相仍有颜色则需弃去硫酸层继续加入新的硫酸溶液洗涤直至正己烷相没有颜色。也可用合适的分液漏斗对合适体积提取液洗涤。

注：硫酸净化方法不适合测定狄氏剂、异狄氏剂、异狄氏酮。

玻璃层析柱法 将样品提取液转移到制备好的硅酸镁层析柱内，并用 2 ml 正己烷完全清洗样品管一并转入柱内。

如果需要分离 PCB 和 OCPs，操作步骤如下：

层析柱下置一圆底烧瓶以收集洗脱液。调节活塞放出洗脱液至液面刚没过硫酸钠层，关闭活塞。用 200 ml 乙醚/正己烷（6/94，V/V）混合液淋洗层析柱，洗脱液速度保持在 5 ml/min。洗脱完成后仍保持液面刚没过硫酸钠层，关闭活塞。此部分洗脱液收集了 PCB 及六六六、滴滴涕、氯丹等 OCPs。

接着用 200 ml 乙醚/正己烷（15/85，V/V）混合液再次淋洗层析柱，收集洗脱液，此组分包含异狄氏剂等 OCPs。

用 200 ml 乙醚/正己烷（50/50，V/V）混合液再次淋洗填充柱，收集洗脱液，标记为组分 3。此组分包含余下的硫丹、异狄氏剂醛等 OCPs。

分别用旋转浓缩仪或其他浓缩装置上述洗脱液浓缩至 5 ml 左右，清洗合并再进一步浓缩定容至 1 ml，待分析。

如果不需要分离 PCB 和 OCPs，可直接使用 200 ml 二氯甲烷/正己烷（50/50，V/V）混合液淋洗填充柱，收集全部洗脱液，浓缩至 1 ml，待分析。

含硫的提取液，应脱硫，脱硫方式可采用在净化柱上端铺一层新鲜铜粉去除。

固相萃取柱法 当土壤提取物颜色较浅，干扰较少时，可采用硅酸镁固相萃取柱代替玻璃层析柱。净化步骤如下：

用 4 ml 正己烷对固相萃取柱填料进行活化，保持溶剂浸没填料的时间至少 5 min。活化之后，缓慢打开固相萃取装置的活塞放掉多余溶剂，但要保持溶剂液面高于填料层 1 mm。如果固相萃取柱填料变干，必须重新进行活化步骤。

将浓缩后的提取液（体积约 1 ml）全部转移到固相萃取柱上，用 0.5 ml 正己烷清洗提取液样品管，一并转入固相萃取柱，打开活塞使萃取液通过填料，流出速度约为 2 ml/min。当萃取液全部流入填料（不能流出或抽干），关闭萃取柱活塞和真空装置——确保填料层之上自始至终有溶液覆盖。

在固相萃取装置中的相应位置放入 10 ml 的收集管；注意清洗用固相萃取装置的不锈钢导管。

如不需要分离 OCPs 和 PCBs，用 9 ml 丙酮/正己烷（10/90，V/V）混合液洗脱萃取柱，混合液浸没填料层约 1 min，缓缓打开萃取柱节门，收集洗脱液。

如需要对 OCPs 和 PCBs 进行分离，则按照下述方法进行操作：

加入 3 ml 正己烷，溶剂浸没填料层约 1 min，缓缓打开萃取柱节门，收集洗脱液，标记为组分 1。此组分包含 PCBs 及及六六六、滴滴涕、氯丹等 OCPs。

在固相萃取装置中放入新的收集管，用 5 ml 二氯甲烷/正己烷（26/74，*V/V*）混合液进行洗脱，方法同上述 1，并标记为组分 2。此组分包含大部分 OCPs。

在固相萃取装置中放入新的收集管，用 5 ml 丙酮/正己烷（10/90，*V/V*）混合液进行洗脱，方法同上述 1，并标记为组分 3。此组分包含余下的 OCPs。

⑤ 凝胶色谱净化

使用 GPC 净化前必须用含有玉米油、芘和硫的 GPC 校准物进行校准。

有机氯农药的收集液应该控制在玉米油出峰之后至硫出峰之前，应注意芘洗脱出以后，立即停止收集，记录该保留时间，然后配制一个曲线中间点浓度的有机氯农药混合标准溶液，应用此收集方法，检查目标物的回收率，再按此收集时间调整方法，至回收率满足方法要求后即可开始净化样品。

将提取液浓缩至 2 ml 左右，然后用 GPC 的流动相定容至 GPC 定量环需要的体积，按照校准验证后的净化条件收集流出液，并检查目标物的净化回收率。

注：如果提取液中含水或有乳化现象，则必须脱水、破乳。

GPC 净化后的样品用旋转蒸发仪浓缩至 5 ml，转入浓缩管中，用微小 N$_2$ 气吹至 1 ml 以下，定量加入内标使用液使其浓度和校准曲线中内标的浓度一致，混匀后转移至 2 ml 样品瓶中，待分析。

4.2.7　分析步骤

（1）标准曲线绘制

配制至少 5 个不同浓度的校准标准，其中 1 个校准标准的浓度应相当于或低于样品浓度，其余点应参考实际样品的浓度范围，应不超过气相色谱/质谱的定量范围。

将有机氯农药标准和替代物标准根据样品浓度范围配制成合适的 5～6 个点标准系列，如可配制为 0.5 μg/ml、1.0 μg/ml、5.0 μg/ml、10.0 μg/ml、20.0 μg/ml、50.0 μg/ml 的系列标准溶液，在每个点中加入内标使用液，使内标浓度为 40 μg/ml。

（2）气相色谱参考条件

进样口温度：280℃，不分流，或分流进样（样品浓度较高或仪器灵敏度足够时）

进样量：1 μL

柱流量：1.0 ml/min（恒流）

柱温：120℃（2 min）12℃/min→180℃（5 min）7℃/min→240℃（1.0 min）1℃/min→250℃（2.0 min）→280℃（程序 2 min）

（3）质谱参考条件

扫描质量范围：45～450 amu

离子化能量：70 eV

四极杆：150℃

离子源温度：230℃

传输线温度：280℃

全扫描（Scan）或选择离子模式（SIM）模式

溶剂延迟时间：5 min

调谐方式：DFTPP

（4）定性

提取液中的目标物的定性可通过全扫描 SCAN 模式进行标准谱库谱图检索，必要时借助软件扣除干扰的功能发现化合物主离子和特征离子并和标准谱图进行比对，难以分辨的同分异构体可通过标准物质的保留时间辅助谱库检索来定性。也可通过提取离子分析主离子碎片、特征碎片的丰度比与标准物谱图匹配来定性。

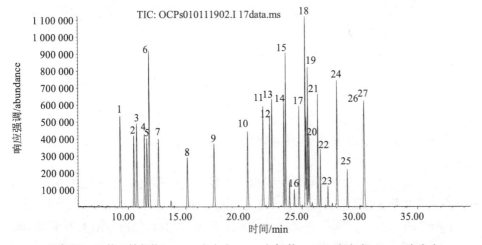

1. 四氯间二甲苯（替代物）2. α-六六六；3. 六氯苯；4. β-六六六；5. γ-六六六；
6. 五氯硝基苯（内标）7. δ-六六六；8. 七氯；9. 艾氏剂；10. 环氧化七氯；11. α-氯丹；
12. α-硫丹；13. g-氯丹；14. 狄氏剂；15. p,p'-DDE；16. 异狄氏剂；17. β-硫丹；18. p,p'-DDD；
19. o,p'-DDT；20. 异狄氏剂醛；21. 开蓬；22. 硫丹硫酸盐；23. p,p'-DDT；
24. 异狄氏剂酮；25. 甲氧滴滴涕；26. 灭蚁灵；27. 氯茵酸二丁酯

图 4-2 参考条件下部分有机氯农药及内标化合物标准混合溶液谱图

（5）定量

本规定在能够保证准确定性检出目标化合物时，用质谱图中特征离子的峰面积或峰高定量，内标法定量。SCAN 或 SIM 采集方式均可。

4.2.8 结果计算

目标化合物浓度的测定用校准曲线的平均相对响应因子 $\overline{RF}$ 来定量目标化合物。计算公式如下：

$$X(\mu g/g) = \frac{(A_x)(I_s)(V_x)}{(A_{is})(\overline{RF})(m_x)} \tag{1}$$

式中：A_x——试样中目标化合物特征离子的峰面积；

A_{is}——试样中内标化合物特征离子的峰面积；

I_s——试样中内标的浓度（μg/ml）；

$\overline{RF}$——校准曲线平均相对响应因子；

V_x——土壤试样浓缩定容体积（mL）；

m_x——土壤样品的干基质量（g）。

相对响应因子的计算公式如下：

$$RF_s = \frac{A_s \times C_{is}}{A_{is} \times C_s} \tag{2}$$

式中：A_s——校准曲线中任一点目标化合物或替代物的峰面积（或高度）；

A_{is}——校准曲线中内标物的峰面积（或高度）；

C_s——校准曲线中任一点目标化合物或替代物的浓度（μg/ml）；

C_{is}——内标物浓度（μg/ml）。

$$\overline{RF} = \frac{\sum_{i=1}^{n} RF_i}{n} \tag{3}$$

$$SD = \sqrt{\frac{\sum_{i=1}^{n}(RF_i - \overline{RF})^2}{n-1}} \tag{4}$$

$$RSD = \frac{SD}{RF} \times 100\%$$

式中：RF_i——每个校准标准溶液的响应因子；

$\overline{RF}$——各种化合物初始校准响应因子的平均值；

n——校准标准溶液的个数，例如5；

SD——标准偏差；

RSD——相对标准偏差。

4.2.9 质量保证和质量控制

（1）试剂空白

所使用的有机试剂均应浓缩后（浓缩倍数视分析过程中最大浓缩倍数而定）进行空白检查，试剂空白测试结果中目标物浓度应低于方法检出限。

（2）全程序空白

全程序空白实验的目的是为了建立一个不受污染干扰的分析环境。全程序空白可用处理过的河砂或石英砂替代样品，按照与样品相同的操作步骤进行样品制备、前处理、仪器分析并处理数据。

全程序空白应每批样品（1批最多20个样品）做一个，前处理条件或试剂变化时均要重新做全程序空白，全程序空白中检出每个目标化合物的浓度不得超过方法的定量检出限。全程序空白中加入替代标。

全程序空白中每个内标特征离子的峰面积要在同批连续校准点中内标特征离子的峰面积的–50%～100%。其每个内标的保留时间与在同批连续校准点中相应内标保留时间相比，偏差要求在30 s以内。

（3）仪器性能检查

①用2 ml试剂瓶装入未经浓缩的二氯甲烷,按照样品分析的仪器条件走一个空白，TIC谱图中应没有干扰物。干扰较多或样品浓度较高的进针后也应做一个这样的空白检查，如果出现较多的干扰峰或高温区出现干扰峰或流失过多，应检查污染来源，必要时采取更换衬管、清洗离子源或保养、更换色谱柱等措施。

②进样口惰性检查：DDT到DDE和DDD的降解不可超过15%。如果DDT衰减过多或出现较差的色谱峰，则需要清洗或更换进样口，同时还要截取毛细管前端的2～12英寸。重新校准。

DDT和异狄氏剂降解率的计算：

$$DDT\% = \frac{（DDE + DDD）的检出量（ng）}{DDT的进样量（ng）} \times 100$$

$$异狄氏剂（\%）= \frac{（异狄氏醛 + 异狄氏酮）的检出量（ng）}{异狄氏剂的进样量（ng）} \times 100$$

③质谱检查。配制50 ng/μl十氟三苯基磷（DFTPP）直接进1 μl入色谱，得到的质谱图必须全部符合表4-6中的标准。

表 4-6　十氟三苯基磷（DFTPP）离子丰度规范要求

质荷比（m/z）	相对丰度规范	质荷比（m/z）	相对丰度规范
51	198 峰（基峰）的 30%～60%	199	198 峰的 5%～9%
68	小于 69 峰的 2%	275	基峰的 10%～30%
70	小于 69 峰的 2%	365	大于基峰的 1%
127	基峰的 40%～60%	441	存在且小于 443 峰
197	小于 198 峰的 1%	442	基峰或大于 198 峰的 40%
198	基峰，丰度 100%	443	442 峰的 17%～23%

（4）校准曲线检查

计算每种目标化合物的平均相对响应因子，如果校准化合物的相对标准偏差超过 30%，说明系统活跃而不能分析，必须进行必要的维护。

每 24 h 重新检查校准曲线，如果校准化合物的响应因子相对偏差大于 20%，则需要重新校准。

（5）内标物的保留时间

样品中内标的保留时间应和最近校准中内标的保留时间偏差不能大于 30 s，否则需要检查色谱系统或重新校准。

（6）实际样品加标

每批样品（1 批中最多 20 个样品）须做 1 对基体加标样，加标浓度为原样品浓度的 1～5 倍或曲线中间浓度点，加标样与原样品在完全相同的测试条件下进行分析。

4.2.10　方法的性能指标验证数据

（1）检出限

按照样品分析的全部步骤，对浓度值或含量为估计方法检出限值 2～5 倍的样品进行 n 次（$n \geq 7$）平行测定，计算 n 次平行测定的标准偏差 S。

$$MDL = t_{(n-1,\ 0.99)} \times S$$

式中：MDL——方法检出限；

n——样品的平行测定次数；

t——自由度为 $n-1$，置信度为 99% 时的 t 分布（单侧），7 次 t 值为 3.143；

S——n 次平行测定的标准偏差。

建议选择浓度从 10 倍仪器检出限开始。如果达到至少有 50% 的被分析物样品浓度在 3～5 倍计算出的方法检出限的范围内，同时，至少 90% 的被分析物样品浓度在 1～10 倍计算出的方法检出限的范围内，其余不多于 10% 的被分析物样品浓度不应超过 20 倍计算出的方法检出限。若满足上述条件，说明用于测定 MDL 的初次样品浓度比较合适。对于个别特殊响应的目标化合物应单独配制合适浓度，见表 4-7。

表 4-7　检出限及测定下限

化合物名称	检出限/ （μg/kg）	测定下限/ （μg/kg）	化合物名称	检出限/ （μg/kg）	测定下限/ （μg/kg）
四氯间二甲苯 （替代物）	19	80	p,p'-DDE	20	80
α-六六六	18	70	异狄氏剂	30	120
六氯苯	21	90	β-硫丹	27	110
β-六六六	24	100	o,p'-DDT	28	110
γ-六六六	41	170	p,p'-DDD	36	140
δ-六六六	32	130	异狄氏剂醛	51	200
七氯	38	150	硫丹硫酸盐	57	230
艾氏剂	19	80	p,p'-DDT	43	170
环氧化七氯	59	240	异狄氏剂酮	26	100
α-氯丹	16	60	甲氧滴滴涕	47	190
α-硫丹	48	190	灭蚁灵	10	40
g-氯丹	16	60	氯茵酸二丁酯 （替代物）	24	100
狄氏剂	16	60			

（2）精密度

用干净河砂或石英砂替代土壤样品作为空白样品，分别加入低（测定下限附近）、中、高 3 个不同浓度的标准混合物和替代物，按照样品分析的全程序过程每个浓度分析 5～6 个平行样品，计算其标准偏差和相对标准偏差，以相对标准偏差表示精密度。

单个实验室对 20 g 空白样品添加液态标准物质后浓度为 0.2 μg/g、0.5 μg/g 和 1.0 μg/g 的目标有机氯农药混标统一样品进行了测定，实验室内相对标准偏差分别为：2%～26%、6%～16% 和 8%～23%。

（3）准确度

对于单个实验室，如果有土壤有证标准物质，按照样品分析的全程序过程分析 5～6 个平行样品，计算每次测定值相对误差、相对误差均值 $\overline{RE}$ 及相对误差标准偏差 $S_{\overline{RE}}$，最终以 $\overline{RE} \pm 2S_{\overline{RE}}$ 表示准确度。

没有标准物质时，可用实际样品加标，测定 5～6 个平行样品，测定其加标回收率，以此表示准确度。

单个实验室选择砂质土和耕作土 20 克实际土壤样品加入 20 μg 液态混合标准物，22 种有机氯农药和六氯苯加标回收率范围分别为：70%～128%、66%～118% 和 66%～88%。

4.2.11 废弃物的处理

试验中所产生的所有废液和其他废弃物（包括检测后的残液）应集中存放，并附警示标志，送具有资质单位集中处置。

4.2.12 注意事项

① 对多组分化合物（如毒杀芬、多氯联苯等）的定量分析超出了本方法的范围。一般而言，定量分析采用气相色谱电子捕获检测器，当浓缩样品提取液中它们的浓度不低于 10 ng/μl 时，可以用本方法来确认。

② 在有机氯农药中属于较易挥发的那部分化合物（如六六六）浓缩时会有损失，特别是氮吹时应注意控制氮气流量，不要有明显涡流。采用其他浓缩方式时，应控制好加热的温度或真空度。

③ 本标准方法可以用于分析多种 OCPs，也适应分析某一类或单个有机氯农药，故内标和替代物应根据分析的化合物确定选择一种或几种。

④ 异狄氏剂质谱谱图的离子碎片较多，分析时定性、定量会受到干扰。定性干扰通过特殊检索软件排除。色谱柱的流失会对其定量产生较大干扰，会使结果偏高，应考虑更换新的色谱柱或使用有机氯农药专用色谱柱。

⑤ 邻苯二甲酸酯类是有机氯农药检测的重要干扰物，样品制备过程会引入邻苯二甲酸酯类的干扰。避免接触任何塑料材料，并且检查所有溶剂空白，保证这类污染在检出限以下。

⑥ 彻底清洗所用的任何玻璃器皿，以消除干扰物质。先用热水加清洁剂清洗，再用自来水和不含有机物的试剂水淋洗，在 130℃烘 2～3 h，或用甲醇淋洗后晾干。干燥的玻璃器皿必须在干净的环境中保存。

4.3　土壤中有机氯农药的测定　双 ECD 气相色谱法

4.3.1　适用范围

对土壤中的 α-666（α-BHC）、β-666（β-BHC）、γ-666（γ-BHC）、δ-666（δ-BHC）、p,p'-DDE、o,p'-DDT、p,p'-DDD、p,p'-DDT、氯丹（Chlordane）、狄氏剂（Dieldrin）、艾氏剂（Aldrin）、硫丹Ⅰ（EndosulfanⅠ）、硫丹Ⅱ（EndosulfanⅡ）、七氯（Heptachlor）、灭蚁灵（Mirex）等多组分有机氯农药残留量的测定方法。

土壤中有机氯农药残留的最低检测浓度为：1×10^{-4} mg/kg。

4.3.2　规范性引用文件

本方法内容引用了下列文件或其中的条款。凡是不注明日期的引用文件，其有效版本适用于本标准。

HJ/T 166　土壤环境监测技术规范

4.3.3　方法原理

土壤中有机氯农药残留采用索氏提取、微波萃取或超声波提取等方法提取，弗罗里硅土柱去除干扰物，用双色谱柱、双 ECD 检测器检测，根据双色谱柱上的保留时间定性，内标法定量。

4.3.4　试剂及材料

除非另有说明，分析时均使用符合国家标准的分析纯化学试剂，实验用水为新制备的去离子水或蒸馏水。

（1）**有机溶剂**

丙酮、正己烷、二氯甲烷、乙酸乙酯、环己烷或其他等效有机溶剂均为农药残留分析纯级，在使用前应先进行排气。

（2）**硫酸溶液**（H_2SO_4/H_2O）：1∶1

用 98% 的硫酸和水配制成体积比为 1∶1 的硫酸溶液。

（3）**OCPs 标准溶液**

① 标准储备液，$\rho = 1 \sim 5$ mg/ml

用纯品有机氯农药配制或已配好的有证标准储备液。例如 2 000 mg/L（甲苯溶剂）OCPs 混标。

② 中间使用液

将上述 OCPs 储备液或纯品根据所配标准曲线的范围先稀释到一个中间浓度，例如，取 1.0 ml 标准储备液于 10 ml 容量瓶中，用正己烷定容，200 mg/L 再稀释成不同浓度的标准系列。此中间使用液可分装密封保存于 4℃或–20℃的冰柜中。

（4）内标，六氯苯或五氯硝基苯

① 内标储备液，ρ=5 mg/ml

直接购有证标准储备液或用有证纯品配制，甲醇作溶剂；六氯苯或五氯硝基苯标准使用液所有提取样品、全程序空白、校准曲线等均应在定容前加入同样浓度的内标。

② 内标中间使用液，ρ=5 μg/ml

将储备液稀释成 500 μg/ml，校准曲线和所有样品定容前都要加入内标，浓度在曲线的中间点。

（5）替代物：十氯联苯或 2,4,5,6-四氯-间-二甲苯和十氯联苯

① 替代物储备液，ρ=2～4 mg/ml

可直接购买有证标准溶液，也可用标准物质制备。

② 中间使用液浓度，ρ=100～200 μg/ml

在提取前加入所有样品中，包括空白和质控样品，加入量应不低于校准曲线的中间点浓度。

（6）固相萃取柱

1 g 硅酸镁净化固相萃取柱。

4.3.5　仪器

仪器主要有：① 微波萃取装置；② 超声波萃取装置；③ 索氏提取装置；④ 氮气浓缩仪；⑤ 气相色谱仪：配有双 ECD 检测器检测；⑥ 色谱柱：双气相色谱柱为 DB-1701（30 m×0.32 mm×0.25 μm）和 DB-5（30 m×0.32 mm×0.25 μm）（或相应气相色谱柱）；⑦ 其他实验室常用仪器。

4.3.6　分析步骤

（1）样品制备

取土壤样品约 500 g，自然风干，粉碎后过 80～100 目筛，装棕色玻璃瓶待用。

（2）样品萃取

索氏提取、微波萃取、超声波萃取均是常用的提取土壤中有机氯农药的前处理方法，有较好的回收率和重复性，选择其中的任一方法均可进行土壤样品中有机氯农药提取。

索氏提取 用自动索氏提取专用滤筒称取制备好的样品约 10 g，加入 50 ml 己烷-丙酮混合溶剂（1∶1），萃取温度 80℃，萃提时间 2 h，溶剂淋洗时间 2 h。同时根据质量控制要求，做空白样品、空白加标、样品平行，根据实际需要确定是否做样品加标，所有样品均需加入替代物标准。

微波萃取 用萃取罐直接称取制备好的样品约 10 g，加入 30 ml 己烷-丙酮混合溶剂（1∶1），加盖，旋紧后放在萃取系统内的固定架上。萃取温度为 90℃，萃取时间 20 min。同时根据质量控制要求，做空白样品、空白加标、样品平行，根据实际需要确定是否做样品加标。

超声波萃取 用玻璃烧杯称取制备好的样品约 10 g，加入 30 ml 己烷-丙酮混合溶剂（1∶1），探头式超声萃取仪（功率≥450W），萃取时间 5 min，倾出萃取溶液；上述相同步骤重复 3 次，合并萃取溶液。同时根据质量控制要求，做空白样品、空白加标、样品平行，根据需要确定是否做实际样品加标。

（3）萃取液过滤、浓缩

萃取完成后，待萃取液降至室温后，进行萃取液的除水过滤分离：在玻璃漏斗上垫上一层玻璃棉或玻璃纤维滤膜，铺加约 5 g 无水硫酸钠，将萃取液经上述漏斗直接过滤到浓缩管中，每次约用 5 ml 己烷-丙酮混合溶剂充分洗涤萃取容器，将洗涤液也倒入漏斗中，重复 3 次。最后再用少许混合溶剂冲洗过滤残留物。

（4）洗涤、溶剂替换

浓缩仪设置温度 30℃，小流量氮气将提取液浓缩到 1.5～2.0 ml，用约 4 ml 正己烷洗涤浓缩器管壁，再用小流量氮气浓缩至 1.5～2.0 ml。重复上述步骤 3 次，最后浓缩至约 1.0 ml。

（5）净化

①弗罗里柱色谱净化

弗罗里柱洗涤活化 用正己烷/丙酮溶液（体积比 9∶1）洗涤活化弗罗里柱，用量约 12 ml。

过柱 弗罗里柱经洗涤活化后不能将洗涤溶剂完全抽干，用吸管将上述浓缩液转移过柱，用 10 ml 小型浓缩管接收洗脱液，然后约 2 ml 正己烷/丙酮溶液洗涤浓缩管，洗涤液同样转移过柱，重复 3 次，最后用正己烷/丙酮溶液冲洗弗罗里柱，至接收的洗脱液体积到 10 ml 为止。

②浓缩、定容

将上述洗脱液用水浴温控氮吹仪进行浓缩，温度设置为 30℃，浓缩至 1.0 ml。

（6）加内标、转移

用 25 μl 微量加液器量取 10 μl 内标使用液加入定容的提取液，混匀后转移至 2 ml 样品瓶中，待分析。

（7）标准曲线绘制

将有机氯农药标准使用液进一步稀释，配制浓度依次为 5 μg/L、20 μg/L、50 μg/L、100 μg/L 的系列标准溶液，加入内标使用液，使内标浓度为 100 μg/L。

（8）气相色谱分析

① 气相色谱条件（推荐）

进样口温度：250℃，不分流进样（0.75 min 后，分流比 30.0 ml/min）

柱流量：1.0 ml/min（恒流）

柱温：50℃（保持 5 min），以 35 ℃/min 升温至 220℃（保持 20 min）

② 进样量：1 μl

③ 色谱图

④ 气相色谱图

⑤ 气相色谱法定性、定量分析

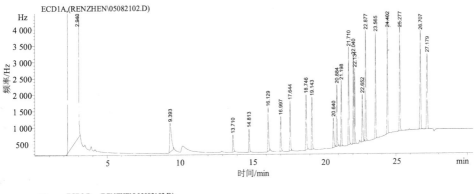

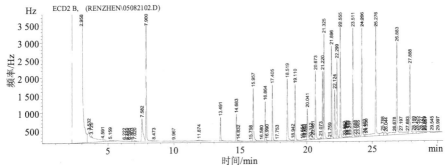

图 4-3　浓度为 50 μg/L 的 16 种有机氯农药在双 ECD 检测器上的色谱图

　　用气相色谱法分析土壤提取液中的有机氯农药，主要通过保留时间定性。待测物在双柱的保留时间与标样中的目标物保留时间至少要同时匹配，才能认为目标化合物可能存在，然后可有两种处理方法：第一种是只要在双柱的保留时间同时匹配，就认为目标化合物存在；第二种是不仅要求在双柱的保留时间同时匹配，而且在双柱上的定量值的相对偏差不超过 25%，才能认为该目标化合物存在，否则就不能判该目标化合物存在。

　　定性不管采取哪种方式，但只要判定目标化合物存在，定量结果取双柱计算的两个结果中较小的浓度值。

表 4-8　16 种有机氯农药的保留时间（16 种）

化合物	柱 A（DB-5）保留时间/min	柱 A（DB-1701）保留时间/min
α-BHC	17.00	16.86
γ-BHC	17.64	17.41
β-BHC	18.75	18.52
δ-BHC	19.14	19.11
七氯	20.88	20.67
艾氏剂	21.20	21.22
氯丹	21.71	21.32
硫丹 I	22.04	21.90
p, p'-DDE	22.13	22.12
狄氏剂	22.65	22.30
异狄氏剂	22.88	22.56
硫丹 II	23.57	23.51
p, p'-DDD	24.40	24.21
o, p'-DDT	25.28	25.28
p, p'-DDT	26.71	26.88
灭蚁灵	27.18	27.89

4.3.7　计算

$$\text{土壤中化合物浓度}(\mu g/kg) = \frac{(A_x)(C_{is})}{(A_{is})(RF)} \times \frac{V_{ex}}{V_{inj}} \div W_o$$

式中：A_x——目标化合物相应值；

A_{is}——内标化合物相应值；

C_{is}——内标化合物浓度（ng）；

V_{ex}——样品提取液的体积（mL）；

V_{inj}——样品浓缩后、进样前的定容体积；

W_o——被提取土壤样品的重量（g）；

RF——被测物响应因子。

$$RF = \frac{A_x}{A_{is}} \times \frac{C_{is}}{C_x}$$

式中：A_x——目标化合物相应值；

A_{is}——内标化合物相应值；

C_{is}——内标化合物浓度（ng）；

C_x——目标化合物的浓度（ng）。

4.3.8 结果的表示

（1）定性结果

根据标准样品在双柱色谱图上的保留时间来确定被测样品中各有机氯农药的组分名称。

（2）定量结果

含量表示方法 根据计算出的各组分的含量，结果以 mg/kg 表示。

精密度 变异系数（%）变化范围为 2.3%～9.5%。

准确度 标回收率（%）变化范围为 51.8%～115%。

检测限 最小检出浓度：$1 \times 10^{-4}\,mg/kg$。

4.4 土壤中有机氯农药的测定 电子捕获检测器-气相色谱法

4.4.1 适用范围

适用于土壤中六六六、艾氏剂、七氯、环氧七氯、硫丹Ⅰ、硫丹Ⅱ、狄氏剂、异狄氏剂、硫丹硫酸酯、异狄氏剂醛、4,4'-DDE、4,4'-DDD、4,4'-DDT、甲氧滴滴涕、六氯苯、灭蚁灵等有机氯农药的测定。

对 20 g 土壤样品中六六六、艾氏剂、七氯、环氧七氯、硫丹Ⅰ、硫丹Ⅱ、狄氏剂等有机氯农药的检出限见表 4-9。

表 4-9　20 种有机氯农药的检出限

编号	名称	analyte	CAS	检出限/（μg/kg）
1	α-六六六	ALPHA-BHC	319-84-6	2
2	γ-六六六	GAMMA-BHC	58-89-9	2
3	β-六六六	BETA-BHC	319-85-7	2
4	δ-六六六	DELTA-BHC	319-86-8	2
5	六氯苯	Hexanchlorobenzene	118-74-1	2
6	七氯	HEPTACHLOR	76-44-8	3
7	艾氏剂	ALDRIN	309-00-2	2
8	环氧七氯	HEPTACHLOR EPOXIDE ISOMER B	1024-57-3	2
9	γ-氯丹	GAMMA-CHLORDANE	5103-74-2	3
10	α-硫丹	ENDOSULFAN I（ALPHA）	1031-07-8	3
11	α-氯丹	ALPHA-CHLORDANE	5103-71-9	4
12	狄氏剂	DIELDRIN	60-57-1	2
13	4,4'-滴滴异	4,4'-DDE	72-55-9	9
14	异狄氏剂	ENDRIN	72-20-8	3
15	β-硫丹	ENDOSULFAN II（BETA）	33213-65-9	2
16	4,4'-滴滴滴	4,4'-DDD	72-54-8	3
17	异狄氏醛	ENDRIN ALDEHYDE	7421-93-4	3
18	硫丹硫酸酯	ENDOSULFAN SULFATE	1031-07-8	3
19	4,4'-滴滴涕	4,4'-DDT	50-29-3	3
20	异狄氏酮	ENDRIN KETONE	53494-70-5	10
21	甲氧滴滴涕	METHOXYCHLOR	72-43-5	4
22	灭蚁灵	Mirex	2385-85-5	5

4.4.2　规范性引用文件

本方法内容引用了下列文件或其中的条款。凡是不注明日期的引用文件，其有效版本适用于本标准。

HJ/T 166　土壤环境监测技术规范

4.4.3　方法原理

土壤中有机氯农药残留采用索氏提取、微波萃取或超声波提取等方法提取，提取样品可采用硫酸磺化或酸性硅胶柱/弗罗里硅土柱净化或 GPC（凝胶色谱）等几种不同净化方法去除干扰物，浓缩后进气相色谱-电子捕获检测器（ECD）检测，保留时间定性，内标法/外表法定量。

4.4.4　试剂及材料

除非另有说明，分析时均使用符合国家标准的分析纯化学试剂，实验用水为新制备的去离子水或蒸馏水。

（1）有机溶剂

丙酮、正己烷、二氯甲烷、乙酸乙酯、环己烷或其他等效有机溶剂均为农药残留分析纯级，在使用前应先进行排气。

（2）OCPs 标准溶液

① 标准储备液，$\rho = 1 \sim 5$ mg/ml

用纯品有机氯农药配制或已配好的有证标准储备液。例如 2 000 mg/L（甲苯溶剂）OCPs 混标。

② 中间使用液

将上述 OCPs 储备液或纯品根据所配标准曲线的范围先稀释到一个中间浓度，例如，取 1.0 ml 标准储备液于 10 ml 容量瓶中，用正己烷定容，200 mg/L 再稀释成不同浓度的标准系列。此中间使用液可分装密封保存于 4℃或−20℃的冰柜中。

（3）内标，五氯硝基苯

① 内标储备液，$\rho = 5$ mg/ml

直接购有证标准储备液或用有证纯品配制，甲醇作溶剂；五氯硝基苯标准使用液所有提取样品、全程序空白、校准曲线等均应在定容前加入同样浓度的内标。

② 内标中间使用液，$\rho = 5$ μg/ml

将储备液稀释成 500 μg/ml。校准曲线和所有样品定容前都要加入内标，浓度在曲线的中间点。

（4）替代物：十氯联苯或 2,4,5,6-四氯-间-二甲苯和十氯联苯

① 替代物储备液，$\rho = 2 \sim 4$ mg/ml

可直接购买有证标准溶液，也可用标准物质制备。

② 中间使用液浓度，$\rho = 100 \sim 200$ μg/ml

在提取前加入所有样品中，包括空白和质控样品，加入量应不低于校准曲线的中间点浓度。

③ 基体加标样

可以是标准溶液，也可以是配制好的掺标土壤样品（包括 Gamma-BHC、Hetpachlor、Aldrin、Diedrin、Endrin、p,p'-DDT）。

（5）**硫酸溶液（H₂SO₄/H₂O）：1：1**

用 98%的硫酸和水配制成体积比为 1：1 的硫酸溶液。

（6）**硫酸钠**

（优级纯）300℃焙烧 2 h，然后将温度降至 100℃，转入干燥器中，冷却后装入试剂瓶中密封，保存在干燥器中。如果受潮需再次处理，或用二氯甲烷提取净化，同时应对二氯甲烷进行空白检查。

（7）**硅酸镁吸附剂**

农残级（在 675℃下活化，适用于农残分析）、100～200 目。临用前将纯化的硅酸镁放在一玻璃器皿中，用铝箔盖住，防止异物玷污，然后放入温度为 130℃的烘箱活化过夜（12 h 左右）。活化之后应放置在干燥器中备用。

（8）**玻璃层析柱**

下端具筛板，内径 20 mm 左右，长 10～20 cm 的带聚四氟乙烯阀门。

（9）**硅酸镁层析柱**

先将用有机溶剂浸提干净的脱脂棉加之玻璃层析柱底部，然后加入 10～20 g 活化后填料经活化的硅酸镁吸附剂。轻敲柱子，使填料堆积得更致密。在硅酸镁层之上再填厚 1～2 cm 的无水硫酸钠。用 60 ml 正己烷淋洗，如果填料中存在明显的空气会影响吸附效果。当溶剂通过柱体开始流出后关闭柱阀，浸泡填料至少 10 min，然后打开开关继续加入正己烷，至全部流出，剩余溶剂刚好淹没硫酸钠层，关闭活塞待用。如果填料干涸，需要重新处理（临用时装填）。

（10）**固相萃取柱**

1 g 硅酸镁净化固相萃取柱。

（11）**载气**

高纯氦气（纯度≥99.99%）。

4.4.5 仪器、设备

仪器、设备主要有：加速溶剂萃取装置 ASE：配套 11 ml、22 ml、33 ml 不锈钢材料萃取池；旋转蒸发仪；氮气浓缩仪；凝胶色谱仪；气相色谱仪；色谱柱：DB-5（30 m×0.25 mm×0.25 μm）色谱柱或同等规格的色谱柱；分析天平：精确至 0.01 g；其他实验室常用仪器。

4.4.6 样品

（1）**采集与保存**

参照 HJ/T 166 中有关要求采集有代表性的土壤样品，保存在事先清洗洁净，并用有机溶剂处理不存在干扰物的磨口棕色玻璃瓶中。运输过程中应密封避光、冷藏保存，途中避免干扰引入或样品的破坏，尽快运回实验室进行分析。如暂不能分析应在 4℃ 以下冷藏保存，用于测定有机氯农药的样品保存时间为 10 d。

（2）试样的制备

除去枝棒、叶片、石子等异物，将所采全部样品完全混匀。需要风干的固体废物放在事先用有机溶剂清洗过的金属盘中，在室温下避光、干燥。也可用硅藻土将样品拌匀，直至样品呈散粒状。具体步骤可参考提取方法。

注：干燥、研细的样品对于提取不挥发、非极性的有机物有较好的提取效果。风干不适于处理易挥发的有机氯农药（如六六六）等。冷冻干燥是处理这类样品的最佳选择。

（3）含水率的测定

取 5 g（精确至 0.01 g）样品在（105±5）℃下干燥至少 6 h，以烘干前后样品质量的差值除以烘干前样品的质量再乘以 100，计算样品含水率 w（%），精确至 0.1%。

（4）试样的预处理

① 萃取

试样量依据具体萃取方法而定，一般称取 20 g 试样进行萃取。萃取方法可选择索氏提取、自动索氏提取、加压流体萃取或超声萃取等，萃取溶剂为二氯甲烷/丙酮（1+1）或正己烷/丙酮（1+1）。

加速溶剂萃取，将制备好的样品转移到合适大小的萃取池中。一般 11 ml 的池子可装 10 g 样品，22 ml 可装 20 g 样品，33 ml 的池子可装 30 g 样品。实际上，可萃取的样品的准确重量和样品的比重、所参加的干燥剂有关，要保证所称样品加入这些干燥剂等试剂之后能够装入萃取池，同时也应选择较大萃取池，可以加大萃取样品量，从而提高分析灵敏度。萃取池中的空余可装入处理过的干净砂子（减少萃取中使用的溶剂量），也可在样品中加入硅藻土，在萃取过程中将剩余少量水分出去。

▲ 溶剂选择

根据加速溶剂仪使用说明选择合适溶剂，也可以选择已经证明有同等萃取效率的任何溶剂。本方法推荐使用溶剂：丙酮/正己烷（1∶1，V/V），或丙酮/二氯甲烷（1∶1，V/V），或正己烷/二氯甲烷（1∶1，V/V）。

▲ 萃取条件

可根据仪器使用说明优化条件：一般情况下，压力不是最关键的参数，因为加压的主要目的是阻止溶剂在高温下沸腾，使其处于溶液状态，并和样品有最好的接触（有利于溶剂进入低压时封闭的微孔），因此，在 10 350～13 800 kPa 都是有效的。

本方法推荐条件：

加热温度：100℃

压力：10 350~13 800 kPa

静态萃取时间：5 min（5 min 预加热平衡）

淋洗体积：60%池体积

氮气吹扫：60 s，1 035 kPa（可根据萃取池体积增加吹扫时间）

静态萃取次数：1~2 次

② 脱水和浓缩

如果萃取液存在明显水分，需要脱水。在玻璃漏斗上垫上一层玻璃棉或玻璃纤维滤膜，铺加约 5 g 无水硫酸钠，将萃取液经上述漏斗直接过滤到浓缩器皿中，每次用少量萃取溶剂充分洗涤萃取容器，将洗涤液也倒入漏斗中，重复 3 次。最后再用少许萃取溶剂冲洗无水硫酸钠，待浓缩。

浓缩方法推荐使用以下 3 种方式，也可选择 K-D 浓缩等其他浓缩方式：

氮吹 萃取液转入浓缩管或其他玻璃容器中，开启氮气至溶剂表面有气流波动但不形成气涡为宜。氮吹过程中应将已经露出的浓缩器管壁用正己烷反复洗涤多次。

减压快速浓缩 将萃取液转入专用浓缩管中，根据仪器说明书设定温度和压力条件，进行浓缩。

旋转蒸发浓缩 将萃取液转入合适体积的旋转瓶中，根据仪器说明书或萃取液沸点设定温度条件（例如二氯甲烷/丙酮可设定 50℃左右，正己烷/丙酮（1+1）可设定 60℃左右），浓缩至 2 ml，转出的提取液需要再用小流量氮气浓缩至 1 ml。

注：如果净化选用 GPC，则需在浓缩前加入 2 ml 左右 GPC 流动相替换原萃取溶剂。

③ 脱硫

脱硫方法有以下两种方式：

一是将上述萃取液转移至 5 ml 离心管，加入 2 g 铜粉，在机械振荡器上混合至少 5 min。用一次性移液管将萃取液吸出，待下一步净化。

二是可将适量铜粉铺在硅酸镁层析柱或固相萃取柱上层，将萃取液在铜粉层停留 5 min。

注：如果使用 GPC 净化萃取液，可省略脱硫步骤。

④ 净化

当提取液浓缩后有较深的颜色时，应采取适当的净化方法进行处理。本标准提供下列 3 种净化措施，其他净化方法在被证明有良好的效果和满足回收率要求时均可采用。

▲ 硫酸磺化法

将提取液浓缩至 1 ml 或 2 ml，加入 5 ml 硫酸溶液，盖紧样品瓶振荡或用涡流振荡器低速振荡 1 min。如果两相分离干净明显，则可小心分离出正己烷相，另取 1～2 ml 正己烷加入硫酸相继续振荡将硫酸相残留的 PCBs 分离干净，合并两次有机相；如果一次洗涤正己烷相仍有颜色则需弃去硫酸层继续加入新的硫酸溶液洗涤直至正己烷相没有颜色。也可用合适的分液漏斗对合适体积提取液洗涤。

注：硫酸净化方法不适合测定狄氏剂、异狄氏剂、异狄氏酮。

▲ 玻璃层析柱法

将样品提取液转移到制备好的硅酸镁层析柱内，并用 2 ml 正己烷完全清洗样品管一并转入柱内。

如果需要分离 PCB 和 OCPs，操作步骤如下：

——层析柱下置一圆底烧瓶以收集洗脱液。调节活塞放出洗脱液至液面刚没过硫酸钠层，关闭活塞。用 200 ml 乙醚/正己烷（6/94，V/V）混合液淋洗层析柱，洗脱液速度保持在 5 ml/min。洗脱完成后仍保持液面刚没过硫酸钠层，关闭活塞。此部分洗脱液收集了 PCB 及六六六、滴滴涕、氯丹等 OCPs。

——接着用 200 ml 乙醚/正己烷（15/85，V/V）混合液再次淋洗层析柱，收集洗脱液，此组分包含异狄氏剂等 OCPs。

——用 200 ml 乙醚/正己烷（50/50，V/V）混合液再次淋洗填充柱，收集洗脱液，标记为组分 3。此组分包含余下的硫丹、异狄氏剂醛等 OCPs。

——分别用旋转浓缩仪或其他浓缩装置上述洗脱液浓缩至 5 ml 左右，清洗合并再进一步浓缩定容至 1 ml，待分析。

如果不需要分离 PCB 和 OCPs，可直接使用 200 ml 二氯甲烷/正己烷（50/50，V/V）混合液淋洗填充柱，收集全部洗脱液，浓缩至 1 ml，待分析。

沉积物等含硫的提取液，应脱硫，脱硫方式可采用在净化柱上端铺一层新鲜铜粉去除。

▲ 固相萃取柱法

当土壤提取物颜色较浅，干扰较少时，可采用硅酸镁固相萃取柱代替玻璃层析柱。净化步骤如下：

——用 4 ml 正己烷对固相萃取柱填料进行活化，保持溶剂浸没填料的时间至少 5 min。活化之后，缓慢打开固相萃取装置的活塞放掉多余溶剂，但要保持溶剂液面高于填料层 1 mm。如果固相萃取柱填料变干，必须重新进行活化步骤。

——将浓缩后的提取液（体积约 1 ml）全部转移到固相萃取柱上，用 0.5 ml

正己烷清洗提取液样品管，一并转入固相萃取柱，打开活塞使萃取液通过填料，流出速度约为 2 ml/min。当萃取液全部流入填料（不能流出或抽干），关闭萃取柱活塞和真空装置——确保填料层自始至终有溶液覆盖。

——在固相萃取装置中的相应位置放入 10 ml 的收集管；注意清洗用固相萃取装置的不锈钢导管。

如不需要分离 OCPs 和 PCBs，用 9 ml 丙酮/正己烷（10/90，*V/V*）混合液洗脱萃取柱，混合液浸没填料层约 1 min，缓缓打开萃取柱节门，收集洗脱液。

如需要对 OCPs 和 PCBs 进行分离，则按照下述方法进行操作：

——加入 3 ml 正己烷，溶剂浸没填料层约 1 min，缓缓打开萃取柱节门，收集洗脱液，标记为组分 1。此组分包含 PCBs 及六六六、滴滴涕、氯丹等 OCPs。

——在固相萃取装置中放入新的收集管，用 5 ml 二氯甲烷/正己烷（26/74，*V/V*）混合液进行洗脱，方法同上述 1，并标记为组分 2。此组分包含大部分 OCPs。

——在固相萃取装置中放入新的收集管，用 5 ml 丙酮/正己烷（10/90，*V/V*）混合液进行洗脱，方法同上述 1，并标记为组分 3。此组分包含余下的 OCPs。

▲ 凝胶色谱净化

首先，使用 GPC 净化前必须用含有玉米油、萘和硫的 GPC 校准物进行校准。

有机氯农药的收集液应该控制在玉米油出峰之后至硫出峰之前，应注意萘洗脱出以后，立即停止收集，记录该保留时间，然后配制一个曲线中间点浓度的有机氯农药混合标准溶液，应用此收集方法，检查目标物的回收率，再按此收集时间调整方法，至回收率满足方法要求后即可开始净化样品。

其次，将提取液浓缩至 2 ml 左右，然后用 GPC 的流动相定容至 GPC 定量环需要的体积，按照校准验证后的净化条件收集流出液，并检查目标物的净化回收率。

注：如果提取液中含水或有乳化现象，则必须脱水、破乳。

GPC 净化后的样品用旋转蒸发仪浓缩至 5 ml，转入浓缩管中，用微小 N_2 气吹至 1 ml 以下，定量加入内标使用液使其浓度和校准曲线中内标的浓度一致，混匀后转移至 2 ml 样品瓶中，待分析。

4.4.7 仪器分析

（1）加内标、转移

用微量加液器量取一定量内标使用液加入提取液中使其浓度和校准曲线中内标的浓度一致，混匀后转移至 2 ml 样品瓶中，待分析。

（2）初始标准曲线绘制

将有机氯农药标准和替代物标准根据样品浓度范围配制成合适的 5～6 点标准系列，如可配制为 0.005 μg/ml、0.01 μg/ml、0.02 μg/ml、0.05 μg/ml、0.10 μg/ml、0.5 μg/ml 的系列标准溶液，加入内标使用液，使内标浓度为 0.4 μg/ml。

（3）气相色谱推荐分析条件

色谱柱：30 m×0.25 mm 或 30 m×0.32 mm ID、SE-54 或 DB-5 或同等规格

进样口温度：195℃，不分流进样

进样量：1 μl、2 μl

柱流量：1.0 ml/min（恒流）或恒压（DB-5 ms 12.0 psi）

柱温：80℃（保持 1 min）15℃/min　180℃（2 min）3℃/min　270℃（5 min）

检测器温度：320℃

（4）定性、定量

气相色谱分析土壤提取液中的有机氯农药，可通过保留时间定性，也可借助质谱确认。

定量采用标准溶液内标法绘制标准曲线，也可采用外标法。

（5）计算

① 内标法按下式计算

目标化合物浓度的测定用校准曲线的平均相对响应因子（$\overline{RF}$）来定量目标化合物。

$$X(\mu g/kg) = \frac{(A_x)(I_s)(V_x)}{(A_{is})(\overline{RF})(m_x)}$$

式中：A_x——目标化合物特征离子的峰面积；

　　　A_{is}——内标化合物特征离子的峰面积；

　　　I_s——内标的浓度（μg/ml）；

　　　$\overline{RF}$——校准曲线平均响应因子；

　　　V_x——土壤样品浓缩定容体积（mL）；

　　　m_x——土壤样品的干基质量（g）。

② 校准曲线法按下式计算

$$X(\mu g/kg) = c \times \frac{V_x}{m_x}$$

式中：c——校准曲线上得到的被测组分浓度（μg/ml）；

　　　V_x——土壤样品浓缩定容体积（mL）；

　　　m_x——土壤样品的干基质量（g）。

4.4.8　精密度和准确度

（1）精密度

将浓度值为 0.05μg/L 和 0.005μg/L 的标准溶液重复进样 6 次，得到的相对标准偏差范围在 1%～3%。

（2）准确度

称取 6 个 20.0 g 的耕作土壤样，分别加入浓度为 1.0 μg/L 的 20 种有机氯农药混标和两种替代物标准，按照本方法全程操作，ASE 提取、GPC 净化、自动进样。20 种农药在样品平均回收率 34%～126%，相对标准偏差 1%～28%，两种替代物回收率 85%～104%，相对标准偏差 6%。

4.4.9　质量保证和质量控制

本方法建议根据分析目的不同要求，以上分析步骤必须实施严格的质量控制。

（1）仪器系统

系统空白没有干扰物，干扰较多或样品浓度较高的进针后应做一个系统空白检查，必要时采取更换衬管等措施。

仪器性能检验溶液（PEM）：PEM 含有 p, p'-DDT 和异狄氏剂，溶液可以用纯标准物质配制而成，或者直接购买有证标准，一般浓度为 1 mg/ml。使用时用己烷稀释成 50 μg/L 的标准溶液。

（2）实验室试剂空白检查

对所用有机试剂进行方法中的浓缩处理，检查是否存在干扰。

（3）各种填料空白

按照方法要求对方法所涉及的各类填料进行空白检查。

（4）预处理方法空白

每批样品针对不同的预处理方法都必须进行相对的方法空白分析，以检查分析过程中可能引起的污染。

（5）酞酸酯的干扰

酞酸酯会干扰本方法的测定，可通过 GPC 或硅胶净化法去除，而且，在实验过程中严格控制塑料制品的引入。在方法空白中酞酸酯的含量必须控制在 5 倍检出限之内。

（6）全程序空白样品

每批样品必须带一个试剂空白样品，试剂空白样品可用提取干净的砂子代替。

（7）**基体加标试验**

每批样品（或 20 个样品）须做 1 个基体加标 MS（Matrix spike）和基体加标平行样 MSD。加标浓度为原样品浓度的 1～5 倍或 10～20 μg/ml。MS/MSD 在与原始样品相同的测试条件下进行分析。方法推荐 MS/MSD 的回收率要求见表 4-10。

表 4-10　MS/MSD 的名称及回收率要求

名　称	回收率/%	名　称	回收率/%
Gamma-BHC	46～127	Endrin	42～139
Heptachlor	35～130	4,4'-DDT	23～134
Dieldrin	31～134	Aldrin	34～132

（8）**替代物回收试验**

每个样品中均要求加入相同浓度的替代物以检查提取效率。本方法推荐替代物的回收率应控制在 70%～130%，个别化合物可以放宽到 50%～130%。否则需要重新处理。

（9）**连续校准**

在每个工作日须对初始校准曲线进行重新校准，可以用原来曲线的中间浓度点。连续校准（CC）的响应因子与 $\overline{RF}$ 的偏差（RSD%）小于 20%。

（10）**进样口检查**

GC 进样系统污染时，4,4'-DDT 和 Endrin 很容易降解成 4,4'-DDD 和 4,4'-DDE；狄氏剂（Endrin）也容易降解成狄氏剂醛（Endrin Aldehyde）和狄氏剂酮（Endrin Ketone）。

DDT 和异狄氏剂降解率的计算：

$$DDT（\%）=\frac{（DDE+DDD）的检出量（ng）}{DDT的进样量（ng）}\times100$$

$$总降解量（\%）=DDT（\%）+异狄氏剂（\%）$$

p,p'-DDT 和异狄氏剂的降解量应分别低于 20%，两者之和小于 30%。

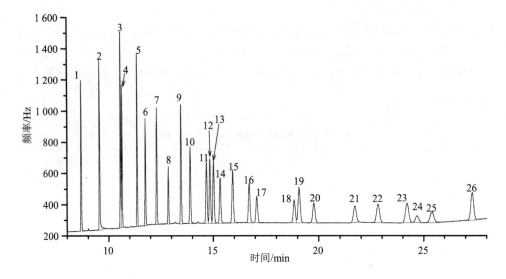

图 4-4　23 种有机氯农药、2 种替代物及 1 种内标气相色谱图

表 4-11　23 种有机氯农药、2 种替代物及 1 种内标的保留时间

序号	化合物	保留时间/min	序号	化合物	保留时间/min
1	四氯间二甲苯（替代物）	8.678	14	p, p'-DDE	15.34
2	六氯苯	9.56	15	狄氏剂	15.934
3	α-六六六	10.57	16	异狄氏剂	16.721
4	五氯硝基苯（内标）	10.641	17	o, p'-DDT	17.081
5	γ-BHC	11.365	18	p, p'-DDD	18.85
6	七氯	11.763	19	硫丹 II	19.081
7	艾氏剂	12.312	20	p, p'-DDT	19.78
8	β-六六六	12.863	21	异狄氏剂醛	21.711
9	δ-六六六	13.461	22	灭蚁灵	22.815
10	环氧七氯	13.904	23	硫丹硫酸盐	24.202
11	硫丹 I	14.69	24	甲氧滴滴涕	24.691
12	γ-氯丹	14.853	25	氯茵酸二丁酯（替代物）	25.4
13	α-氯丹	15.029	26	异狄氏剂酮	27.329

4.5　土壤中多氯联苯的测定　索氏提取 (微波萃取或超声波萃取) /双 ECD 气相色谱法

4.5.1　适用范围

本方法是对土壤中 2,4'-二氯联苯 (PCB8)、2,2',5-三氯联苯 (PCB18)、2,4,4'-三氯联苯 (PCB 28)、2,2',3,5'-四氯联苯 (PCB44)、2,2',5,5'-四氯联苯 (PCB 52)、2,3',4,4'-四氯联苯 (PCB 66)、3,3',4,4'-四氯联苯 (PCB 77)、2,2',4,5,5'-五氯联苯 (PCB101)、2,3,3',4,4'-五氯联苯 (PCB105)、2,3',4,4',5-五氯联苯 (PCB118)、3,3',4,4',5-五氯联苯 (PCB 126)、2,2',3,3',4,4'-六氯联苯 (PCB128)、2,2',3,4,4',5'-六氯联苯 (PCB138)、2,2',4,4',5,5'六氯联苯 (PCB153)、2,2',3,3',4,4',5-七氯联苯 (PCB170)、2,2',3,4,4',5,5'七氯联苯 (PCB180)、2,2',3,4',5,5',6-七氯联苯 (PCB187)、2,2',3,3',4,4',5,6-八氯联苯 (PCB195)、2,2',3,3',4,4',5,5',6-九氯联苯 (PCB206)、2,2',3,3',4,4',5,5',6,6'-十氯联苯 (PCB209) 20 种多氯联苯单体的测定方法。

本方法适用于土壤中多氯联苯单体的残留量分析。

本方法的最低检测浓度为：0.2 μg/kg。

4.5.2　原理

土壤中多氯联苯残留采用索氏提取、微波萃取或超声波提取等方法提取，浓硫酸酸洗或弗罗里硅土柱去除干扰物，用双色谱柱、双 ECD 检测器检测，根据双色谱柱上的保留时间定性，内标法定量。

4.5.3　试剂及材料

除非另有说明，分析时均使用符合国家标准的分析纯化学试剂，实验用水为新制备的去离子水或蒸馏水。

（1）有机溶剂

丙酮、正己烷、二氯甲烷、乙酸乙酯、环己烷或其他等效有机溶剂均为农药残留分析纯级，在使用前应先进行排气。

（2）PCB 标准储备液

100 mg/L (丙酮作溶剂)，Accustandard，Inc.含 PCB8 等 20 种 PCB 单体。

PCB 标准使用液：将上述 PCB 储备液稀释为 1 000 μg/L PCB 标准使用液。

（3）内标

邻硝基溴苯标准储备液（BNB），1 000 mg/L（丙酮作溶剂），Accustandard, Inc.。
内标使用液：将上述 BNB 储备液稀释 100 倍，得到浓度为 10 mg/L 内标使用液。

（4）试剂

二氯甲烷（农残级）、正己烷（农残级）、丙酮（农残级）、无水硫酸钠（优级纯）。

（5）净化柱

弗罗里硅土柱，1 g，6 ml。

（6）载气

氦气，纯度≥99.99%。

4.5.4 仪器和设备

仪器和设备主要有：微波萃取装置；超声波萃取装置：探头式超声萃取仪（功率≥450W）；索氏提取装置；氮气浓缩仪；气相色谱仪；色谱柱：DB-1701（30 m×0.32 mm×0.25 μm）和 DB-5（30 m×0.32 mm×0.25 μm）（或相应色谱柱）。

4.5.5 样品

（1）采集与保存

参照 HJ/T 166 中有关要求采集有代表性的土壤样品，保存在事先清洗洁净，并用有机溶剂处理不存在干扰物的磨口棕色玻璃瓶中。运输过程中应密封避光、冷藏保存，途中避免干扰引入或样品的破坏，尽快运回实验室进行分析。如暂不能分析应在 4℃以下冷藏保存，用于测定有机氯农药的样品保存时间为 10 d。

（2）试样的制备

除去枝棒、叶片、石子等异物，将所采全部样品完全混匀。需要风干的固体废物放在事先用有机溶剂清洗过的金属盘中，在室温下避光、干燥。也可用硅藻土将样品拌匀，直至样品呈散粒状。具体步骤可参考提取方法。

注：干燥、研细的样品对于提取不挥发、非极性的有机物有较好的提取效果。风干不适于处理易挥发的有机氯农药（如六六六）等，冷冻干燥是处理这类样品的最佳选择。

（3）含水率的测定

取 5 g（精确至 0.01 g）样品在（105±5）℃下干燥至少 6 h，以烘干前后样品质量的差值除以烘干前样品的质量再乘以 100，计算样品含水率 w（%），精确至 0.1%。

（4）试样的预处理

① 萃取

试样量依据具体萃取方法而定，一般称取 20 g 试样进行萃取。萃取方法可选择索氏提取、自动索氏提取、加压流体萃取或超声萃取等，萃取溶剂为二氯甲烷/丙酮（1+1）或正己烷/丙酮（1+1）。

索氏提取 用自动索氏提取专用滤筒称取制备好的样品约 10 g，加入 50 ml 己烷-丙酮混合溶剂（1：1），萃取温度 80℃，萃提时间 2 h，溶剂淋洗时间 2 h。同时根据质量控制要求，做空白样品、空白加标、样品平行，根据实际需要确定是否做样品加标。

微波萃取 用萃取罐直接称取制备好的样品约 10 g，加入 30 ml 己烷-丙酮混合溶剂（1：1），加盖，旋紧后放在萃取系统内的固定架上。萃取温度为 90℃，萃取时间 20 min。同时根据质量控制要求，做空白样品、空白加标、样品平行，根据实际需要确定是否做样品加标。

超声波萃取 用玻璃烧杯称取制备好的样品约 10 g，加入 30 ml 己烷-丙酮混合溶剂（1：1），探头式超声萃取仪（功率≥450W），萃取时间 5 min，倾出萃取溶液；上述相同步骤重复 3 次，合并萃取溶液。同时根据质量控制要求，必须做空白样品、空白加标、样品平行，根据需要确定是否做实际样品加标。

② 萃取液过滤，浓缩

萃取完成后，待萃取液降至室温后，进行萃取液的除水过滤分离：在玻璃漏斗上垫上一层玻璃棉或玻璃纤维滤膜，铺加约 5 g 无水硫酸钠，将萃取液经上述漏斗直接过滤到浓缩管中，每次约用 5 ml 萃取己烷-丙酮混合溶剂充分洗涤萃取容器，将洗涤液也倒入漏斗中，重复 3 次。最后再用少许混合溶剂冲洗过滤残留物。

③ 洗涤、溶剂替换

浓缩仪设置温度 30℃，小流量氮气将提取液浓缩到 1.5～2.0 ml，用约 4 ml 正己烷洗涤浓缩器管壁，再用小流量氮气浓缩至 1.5～2.0 ml。重复上述步骤 3 次，最后浓缩至约 1.0 ml。

④ 净化

如样品干扰严重，提取液颜色较深，可采取酸洗方法，用浓硫酸进行处理。

弗罗里柱洗涤活化 用正己烷/丙酮溶液（体积比 9：1）洗涤活化弗罗里柱，用量约 12 ml。

过柱 弗罗里柱经洗涤活化后不能将洗涤溶剂完全抽干，用吸管将上述 1 ml 己烷浓缩液转移到小柱上，停留 1 min，打开抽气阀开关，同时用己烷少量洗涤浓缩管，立刻将洗涤液加到弗罗里柱上，关闭开关；加入约 2 ml 正己烷/丙酮溶液（9：1），停留 1 min，打开抽气阀开关，用 10 ml 小型浓缩管接收洗脱液，继续用正己烷/丙酮溶液（9：1）洗涤过柱，至接收的洗脱液体积到 10 ml 为止。

浓缩、定容 将上述洗脱液采用水浴温控氮吹仪进行浓缩，温度设置为 30℃，浓缩至 1.0 ml。

（5）加内标、转移

用 25 μl 微量加液器量取 10 μl 内标使用液加入定容的提取液，混匀后转移至 2 ml 样品瓶中，待分析。

（6）标准曲线绘制

将多氯联苯标准使用液进一步稀释，配制浓度依次为 5 μg/L、20 μg/L、50 μg/L、200 μg/L 的系列标准溶液，加入内标使用液，使内标浓度为 100 μg/L。

（7）气相色谱分析

① 气相色谱条件（推荐）

进样口：温度：280℃，脉冲不分流进

脉冲压力：138 kPa

脉冲时间：1 min

柱流量：2.0 ml/min（恒流）

柱温：100℃保持 2 min，以 8℃/min 升至 280℃，保持 2 min

② 进样量

1 μl。

③ 色谱图

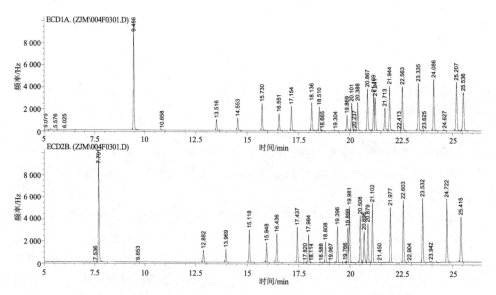

图 4-5   浓度为 50 μg/L 的 20 种 PCB 在双 ECD 检测器上的色谱图

④ 气相色谱法定性、定量分析

用气相色谱法分析土壤提取液中的多氯联苯，主要通过保留时间定性。待测物在双柱的保留时间与标样中的目标物保留时间至少要同时匹配，才能认为目标化合物可能存在，然后可有两种处理方法：第一种是只要在双柱的保留时间同时匹配，就认为目标化合物存在；第二种是不仅要求在双柱的保留时间同时匹配，而且在双柱上的定量值的相对偏差不超过 25%，才能认为该目标化合物存在，否则就不能判该目标化合物存在。

定性不管采取哪种方式，但只要判定目标化合物存在，定量结果取双柱计算的两个结果中的较小的浓度值。

⑤ 计算

$$土样中化合物浓度(\mu g/kg) = \frac{(A_\text{x})(C_\text{is})}{(A_\text{is})(\text{RF})} \times \frac{V_\text{ex}}{V_\text{inj}} / W_\text{o}$$

式中：A_x——目标化合物相应值；

　　　A_is——内标化合物相应值；

　　　C_is——内标化合物浓度（ng）；

　　　V_ex——样品提取液的体积（mL）；

　　　V_inj——样品浓缩后、进样前的定容体积；

　　　W_o——被提取土壤样品的重量（g）；

　　　RF——被测物响应因子。

$$\text{RF} = \frac{A_\text{x} C_\text{is}}{A_\text{is} C_\text{x}}$$

式中：A_x——目标化合物相应值；

　　　A_is——内标化合物相应值；

　　　C_is——内标化合物浓度（ng）；

　　　C_x——目标化合物的浓度（ng）。

4.5.6　结果的表示

（1）定性结果

根据标准样品在双柱色谱图上的保留时间来确定被测样品中各多氯联苯的组分名称。

（2）定量结果

含量表示方法　根据计算出的各组分的含量，结果以 mg/kg 表示。

精密度　变异系数 1.0%～16.1%。

准确度　加标回收率 51.2%～89.3%。

检测限　最小检出浓度 0.2 μg/kg。

表 4-12　20 种 PCB 在双柱上的保留时间

序号	柱 A（DB-5）保留时间	柱 B（DB-1701）保留时间	化合物
1	13.52	12.88	PCB 8（2,4'-二氯联苯）
2	14.55	13.97	PCB 18（2,2',5-三氯联苯）
3	15.73	15.12	PCB 28（2,4,4'-三氯联苯）
4	16.55	15.95	PCB 44（2,2',3,5'-四氯联苯）
5	17.15	16.44	PCB 52（2,2',5,5'-四氯联苯）
6	18.14	17.44	PCB 66（2,3',4,4'-四氯联苯）
7	19.87	18.80	PCB 77（3,3',4,4'-四氯联苯）
8	18.51	17.98	PCB 101（2,2',4,5,5'-五氯联苯）
9	20.10	19.40	PCB 105（2,3,3',4,4'-五氯联苯）
10	20.87	19.98	PCB 118（2,3',4,4',5-五氯联苯）
11	21.24	20.70	PCB 126（3,3',4,4',5-五氯联苯）
12	20.39	19.90	PCB 128（2,2',3,3',4,4'-六氯联苯）
13	21.17	20.51	PCB 138（2,2',3,4,4',5'-六氯联苯）
14	21.94	21.10	PCB 153（2,2',4,4',5,5'-六氯联苯）
15	21.71	20.88	PCB 170（2,2',3,3',4,4',5-七氯联苯）
16	22.56	21.98	PCB 180（2,2',3,4,4',5,5'-七氯联苯）
17	23.34	22.60	PCB 187（2,2',3,4,5,5',6-七氯联苯）
18	24.19	23.53	PCB 195（2,2',3,3',4,4',5,6-八氯联苯）
19	25.21	24.72	PCB 206（2,2',3,3',4,4',5,5',6-九氯联苯）
20	25.54	25.42	PCB 209（2,2',3,3',4,4',5,5',6,6'-十氯联苯）

第 5 章　土壤优控物分析方法（二）

5.1　土壤中多环芳烃的测定　气相色谱-质谱法

警告：试验中所用到的有机溶剂和标准物质均为有毒有害物质，配制过程应在通风橱中进行操作；应按规定佩戴防护器具，避免接触皮肤和衣服。

5.1.1　适用范围

本方法规定了测定土壤中 16 种多环芳烃的气相色谱——质谱方法。

本方法适用于土壤中多环芳烃的测定，目标化合物选择 16 种多环芳烃，包括：萘、苊烯、苊、芴、菲、蒽、荧蒽、芘、苯并[*a*]蒽、䓛、苯并[*b*]荧蒽、苯并[*k*]荧蒽、苯并[*a*]芘、二苯并[*a,h*]蒽、苯并[*g,h,i*]苝、茚并 [1,2,3,-*cd*]芘。

本方法的检出限随仪器灵敏度、前处理方法及样品的干扰水平等因素而变化。当取样量是 20.0 g，且使用快速溶剂萃取仪提取、凝胶色谱净化、全扫描方式定量时，16 种多环芳烃的方法检出限范围为 10～80 μg/kg，定量下限 40～320 μg/kg。

5.1.2　规范性引用文件

本方法内容引用了下列文件或其中的条款。凡是不注明日期的引用文件，其有效版本适用于本方法。

HJ/T 166—2004　土壤环境监测技术规范
HJ 613　土壤　干物质和水分的测定　重量法

5.1.3　方法原理

土壤中的多环芳烃采用适当方法提取，提取液采用硅胶柱/弗罗里硅土柱或 GPC（凝胶色谱）等几种不同净化方法去除干扰物，浓缩后进气相色谱-质谱（GC-MS）分析测定。

5.1.4 试剂和材料

除非另有说明，分析时均使用符合国家标准的分析纯化学试剂，实验用水为新制备的去离子水或蒸馏水。

（1）正己烷、丙酮、二氯甲烷、环己烷、戊烷、乙酸乙酯等

所使用的试剂除另有规定外均为色谱纯或农残级。

（2）多环芳烃标准溶液

① 多环芳烃标准储备液

多环芳烃标准储备液：ρ=1 000 μg/ml。16 种或多种多环芳烃混标有证标准物质，或使用固体标准配制混标；应在保质期内使用。

② 多环芳烃标准中间液

将多环芳烃标准溶液稀释成 100 μg/ml 或其他浓度。临用时配制成合适的浓度系列。

③ 多环芳烃标准使用液

根据所配标准曲线的范围，先将多环芳烃标准中间液稀释到一个合适浓度，例如取 1.0 ml 多环芳烃标准中间液于 10 ml 容量瓶中，用正己烷定容；然后再稀释成不同浓度的标准系列。

（3）内标物

① 内标物储备液

内标物储备液：2 000 μg/ml。

内标物为氘代标记多环芳烃，包括氘代萘、氘代苊、氘代菧、氘代菲和氘代荧蒽，可直接购买或使用固体标准配品制成混标。

② 内标物中间使用液

将内标物储备液稀释成 500μg/ml。工作曲线和所有样品定容前都要加入内标物中间使用液，保证所有样品和标准溶液中内标物浓度在 40 μg/ml 左右。

注：标准溶液均应置于-10℃以下避光保存，存放期间定期检查溶液的降解和蒸发情况，特别是使用前应检查其变化情况，一旦蒸发或降解应重新配制；注意应恢复到室温后使用。

（4）干燥剂

干燥剂：分析纯无水硫酸钠或粒状硅藻土。350℃下加热 6 h，冷却后保存于干燥试剂瓶中，并于干燥器内存放。或用二氯甲烷提取净化，并对二氯甲烷提取液进行检查，证明干燥剂无干扰。

（5）硅胶

硅胶：100～200 目的色谱纯硅胶，使用前需进行活化和净化处理。

硅胶应先在 130℃活化 16 h，冷却后用足量甲醇和二氯甲烷溶剂冲洗硅胶；重复以上步骤多次，最后将活化后的硅胶密封保存。硅胶的活化应避免高温，建议将硅胶装入玻璃层析管中并置于通有氮气的管式电炉中加热。

（6）商品化固相萃取柱

商品化固相萃取柱：1 g 硅酸镁净化固相萃取柱。

（7）铜粉：分析纯

使用前用稀硝酸浸泡去除表面氧化物，然后用试剂水洗去所有的酸，再用丙酮清洗，最后用氮气吹干待用，每次临用前处理，保持铜粉表面光亮。

（8）玻璃层析柱

玻璃层析柱：下端具筛板，内径 20 mm 左右，长 10～20 cm；带聚四氟乙烯阀门。

（9）载气

氦气，纯度≥99.99%。

（10）石英砂

石英砂：20～100 目，使用前用有机溶剂将其洗净或直接购置商品石英砂。

5.1.5　仪器和设备

仪器和设备主要有：

① 气相色谱-质谱联用仪：EI 源。

② 毛细管柱：（5%-苯基）-甲基聚硅氧烷色谱柱 30 m×0.25 mm×0.25 μm，或同等规格的色谱柱。

③ 浓缩装置：旋转蒸发装置或 K-D 浓缩器、浓缩仪等性能相当的设备。

④ 氮气吹干仪：可控制流速。

⑤ GPC 凝胶色谱仪：具紫外检测器，净化柱调料为 Bio-Beads 或同等规格的填料，流动相为环己烷-乙酸乙酯混合溶剂（1∶1，V/V）；流速：4.7 ml/min；弃去前 5 min 的流出液，而后收集 20 min 流出液，最后冲洗 5 min。

⑥ 玻璃漏斗。

⑦ 一般实验室常用仪器。

5.1.6　样品

（1）采集与保存

按照 HJ/T 166—2004 的相关规定进行土壤样品的采集和保存。按照 GB 17378.3—2007 和 GB 17378.5—2007 的相关规定进行沉积物样品的采集和保存。

（2）试样的制备

除去采集样品中的枝棒、叶片和石子等异物，将所采全部样品完全混匀。需要风干的土壤放在玻璃盘/钵或铝钵中，铝钵应事先用正己烷、丙酮等有机溶剂清洗过，在室温下避光、干燥。也可用等体积的无水硫酸钠或硅藻土将样品拌匀，直至样品呈散粒状。将风干后土壤样品研磨过筛，使其粒径小于 1 mm。制备好的试样储存于密闭深棕色玻璃瓶中，如暂不能分析应在 4℃以下冷藏保存，并在 10 d 内进行前处理。

（3）水分的测定

按照 HJ 613 测定土壤样品中水分含量。

（4）试料的预处理

① 加压流体萃取

▲ 萃取前准备

洗净的萃取池，在其底部放置专用滤膜，盖好底盖并拧紧。然后将萃取池垂直放在水平台面上，顶部放上专用漏斗，将已称量过的适量试样小心放入专用漏斗中。待试样全部转移至萃取池后，移去漏斗，再盖好顶盖并拧紧（试样不应粘在萃取池螺纹上或洒落）。竖直拿起萃取池，再次拧紧萃取池两端的盖子，然后将萃取池垂直放入快速溶剂萃取装置样品盘中。在与每个萃取池对应位置上放置干净的接收瓶。一般情况下接收瓶的大小应该是萃取池容积的 0.5～1.4 倍。

一般情况下，11 ml 萃取池可装 10 g 试样，22 ml 萃取池可装 20 g 试样，33 ml 萃取池可装 30 g 试样。称取试样量取决于后续使用的分析方法灵敏度，一般土壤试样在 10～30 g。

注：装入试样后的萃取池应保证留有少量空间（0.5 cm 左右），若萃取池空余空间大于 0.5 cm，应加入适量河砂或石英砂。

▲ 溶剂选择

根据快速溶剂仪使用说明选择合适溶剂，也可以选择已经证明有同等萃取效率的任何溶剂。本方法使用溶剂为：丙酮-正己烷（1∶1，V/V），或丙酮-二氯甲烷（1∶1，V/V），或正己烷-二氯甲烷（1∶1，V/V）。

▲ 萃取条件

加热温度：100℃。

压力：10 350～13 800 kPa。

静态萃取时间：5 min（5 min 预加热平衡）。

淋洗体积：60%池体积。

氮气吹扫：60 s，1 035 kPa（可根据萃取池体积增加吹扫时间）。

静态萃取次数：1～2 次。

② 萃取液过滤和浓缩

萃取完成后，待萃取液降至室温，如果存在明显水分，则需要脱水：在玻璃漏斗上垫上一层玻璃棉或玻璃纤维滤膜，铺加约 5.0 g 无水硫酸钠，根据萃取液体积多少将萃取液经上述漏斗直接过滤到浓缩器皿中，每次用少量萃取溶剂充分洗涤萃取容器，将洗涤液一并倒入漏斗中，重复 3 次。最后再用少许溶剂冲洗过滤残留物，脱水后浓缩。

浓缩仪设置温度 65℃，小流量氮气将提取液浓缩到 1.5～2.0 ml，用约 4 ml正己烷洗涤浓缩器管壁，再用小流量氮气浓缩至 1.5～2.0 ml。重复上述步骤三次，最后浓缩至约 1.0 ml。若净化选用 GPC 则需用其流动相将正己烷替换掉，例如用环己烷-乙酸乙酯混合溶剂替换正己烷。

③ 脱硫

可将适量铜粉（约 1 cm）铺在玻璃层析柱或固相萃取柱上层，将萃取液在铜粉层停留 5 min。

注：如果使用 GPC 净化萃取液，可省略脱硫步骤。

④ 净化

土壤样品提取液存在干扰时，可采取不同的净化方法进行处理。本方法提供下列净化措施，其他净化方法在被证明有良好的效果、满足回收率要求时也可采用。

▲ 硅胶柱层析净化

硅胶柱制备：根据样品含有机质的程度可选择 5～10 g 不等量装填柱子，本方法推荐一般表层土壤用 5 g 硅胶柱，底泥等可选用 10 g 硅胶。将 5 g 的硅胶装填入 10 mm×200 mm 的具塞玻璃层析柱，用二氯甲烷淋洗柱子，在上部装入 1 cm无水硫酸钠。

硅胶柱淋洗：用戊烷预淋洗，淋洗速度控制在 2 ml/min，弃去 15～20 ml 淋洗液，当淋洗液刚刚下至无水硫酸钠层时将 1.0 ml 样品加入到柱子里，然后加入20 ml 戊烷继续淋洗，弃去戊烷。再用 20 ml 二氯甲烷-戊烷（2∶3）淋洗柱子并用浓缩瓶接收淋洗液。将上述淋洗液浓缩至 1.0 ml。弃去戊烷的量和截至淋洗液的量，不同长短柱子和淋洗溶剂不同会发生变化，应根据回收率决定。

▲ 硅酸镁固相萃取商品柱净化

使用填料量为 1 g 的硅酸镁固相萃取柱，用 4 ml 正己烷对填料进行活化，保持溶剂浸没填料的时间至少 5 min。活化之后，缓慢打开固相萃取装置的节门放掉多余溶剂，但要保持溶剂液面高于填料层 1 mm。如果萃取柱的填料变干，必须重新进行活化步骤。

把萃取液（体积约 1 ml）转移到固相萃取柱上，用 0.5 ml 正己烷清洗样品管，一并转入固相萃取柱，打开节门使萃取液通过填料，流出速度约为 2 ml/min。当萃取液全部流过填料，关闭萃取柱节门和真空装置——确保填料层之上自始至终有溶液覆盖。

在固相萃取装置中的相应位置放入 10 ml 的收集管；用 9 ml 丙酮-正己烷（1∶9，V/V）混合溶剂洗脱萃取柱，混合液浸没填料层约 1 min，缓缓打开萃取柱节门，收集洗脱液浓缩至 1.0 ml。

▲ GPC（凝胶色谱）净化

GPC 使用前必须用多环芳烃标准物质进行方法校准，确定收集样品的起始时间。将提取液浓缩至 1 ml 左右，然后用 GPC 要求的流动相定容至 GPC 定量环需要的体积，按照标准物质校准验证后的净化条件收集流出液。GPC 净化后的样品用旋转蒸发仪浓缩至 5 ml，转入浓缩管中，用小流量氮气吹至 1.0 ml 定容，定容前反复用少量溶剂淋洗器壁。

注：如果提取液中含水或有乳化现象，则必须脱水、破乳。

5.1.7 分析步骤

（1）仪器条件

① 气相色谱推荐分析条件

进样口温度：280℃，不分流或分流（1∶1）进样；

柱流量：1.0 ml/min（恒流），氦气；

进样量：1.0 μL；

柱温：升温程序：80℃（2 min）$\xrightarrow{20℃/min}$ 180℃（5 min）$\xrightarrow{10℃/min}$ 280℃（5 min）。

② 四极质谱推荐分析条件

四极杆：150℃；

离子源：230℃；

接口：280℃；

全扫描 SCAN 模式，溶剂延迟时间：5 min；

调谐方式：DFTPP。

（2）标准曲线的绘制

根据样品浓度范围配制成合适的 5～6 点多环芳烃标准物质和替代物标准溶液系列，根据样品的浓度配制为 0.5 μg/ml、2.0 μg/ml、5.0 μg/ml、10.0 μg/ml、20.0 μg/ml 和 50 μg/ml 系列标准溶液，在每个浓度标准溶液中加入内标物中间使用液，使内标物浓度为 40 µg/ml。

（3）样品测定

取一定量内标物中间使用液加入到样品提取液中，使其浓度和校准曲线中内标物的浓度一致，混匀后转移至 2 ml 样品瓶中，待测定。

① 定性分析和定量分析

定性分析　根据全扫描（SCAN）模式得到的色谱图的保留时间、谱图中目标离子丰度和标准谱图符合率判断；也可通过选择离子监测扫描（SIM）方式在目标化合物的保留时间内，分析主离子碎片、特征碎片的丰度比与标准物谱图匹配来定性。

定量分析　在能够保证准确定性检出目标化合物时，采用内标法，用质谱图中特征离子的峰面积或峰高定量，SCAN 或 SIM 采集方式均可。

16 种多环芳烃的主要选择离子，见表 5-1。

表 5-1　16 种多环芳烃的主要选择离子

编号	名　称	CAS.No	定量离子	参考离子
1	萘 naphthalene	91-20-3	128	127、129
2	苊烯 acenaphthylene	208-96-8	152	151、153
3	苊 acenaphthene	83-32-9	154	153、152
4	芴 fluroene	86-73-7	166	165、167
5	菲 phenanthrene	85-01-8	178	179、176
6	蒽 anthracene	120-12-7	178	179、176
7	荧蒽 fluoranthene	206-44-0	202	200、203、101、100
8	芘 pyrene	129-00-0	202	200、203、101、100
9	苯并[a]蒽 Benz[a]anthrancene	56-55-3	228	226、229、114、113
10	䓛 chrysene	218-01-9	228	226、229、114、113
11	苯并[b]荧蒽 Benz[b] fluoranthene	205-99-2	252	253、250
12	苯并[k]荧蒽 Benz[k] fluoranthene	207-08-9	252	253、250
13	苯并[a]芘 Benz[a] pyrene	50-32-8	252	253、250
14	茚并[1,2,3-c,d]芘 Indeno[1,2,3-c,d]pyrene	193-39-5	276	277
15	二苯并[a,h]蒽 Benz[a,h]anthrancene	53-70-3	278	279
16	苯并[g,h,i]芘 Benz[g,h,i] perylene	191-24-2	276	274

② 标准谱图

16 种多环芳烃的标准谱图见图 5-1。

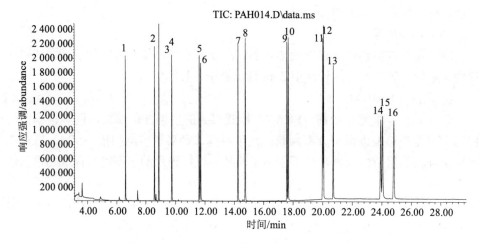

1. 萘 naphthalene；2. 苊烯 acenaphthylene；3. 苊 acenaphthene；4. 芴 fluroene；

5. 菲 phenanthrene；6. 蒽 anthracene；7. 荧蒽 fluoranthene；8. 芘 pyrene；

9. 苯并[*a*]蒽 Benz[*a*]anthrancene；10. 䓛 chrysene；11. 苯并[*b*]荧蒽 Benz[*b*] fluoranthene；

12. 苯并[*k*]荧蒽 Benz[*k*] fluoranthene；13. 苯并[*a*]芘 Benz[*a*] pyrene；

14. 茚并[1,2,3-*cd*]芘 Indeno[1,2,3-*cd*]pyrene；15. 二苯并[*a,h*]蒽 Benz[*a,h*]anthrancene；

16. 苯并[*g,h,i*]苝 Benz[*g,h,i*] perylene

图 5-1　16 种多环芳烃的标准谱图

5.1.8　结果计算与表示

目标化合物浓度的测定用校准曲线的平均相对响应因子（$\overline{RF}$）来定量。目标化合物浓度（mg/kg）按照下列公式（1）进行计算：

$$X(\text{mg/kg}) = \frac{(A_x)(I_s)(V_x)}{(A_{is})(\overline{RF})(m_x)} \tag{1}$$

式中：X——试样中目标化合物的含量（mg/kg）；

A_x——目标化合物特征离子的峰面积；

A_{is}——内标化合物特征离子的峰面积；

I_s——内标的浓度（μg/ml）；

$\overline{RF}$——校准曲线平均响应因子；

V_x——土壤样品浓缩定容体积（mL）；

m_x——土壤样品的干基质量（g）。

相对响应因子和平均相对响应因子的计算公式如下：

$$RF_s = \frac{A_s \times C_{is}}{A_{is} \times C_s} \tag{2}$$

式中：A_s——校准曲线中任一点目标化合物或替代物的峰面积（或高度）；

　　　A_{is}——校准曲线中内标物的峰面积（或高度）；

　　　C_s——校准曲线中任一点目标化合物或替代物的浓度（μg/ml）；

　　　C_{is}——内标的浓度（μg/ml）。

$$\overline{RF} = \frac{\sum_{i=1}^{n} RF_i}{n} \tag{3}$$

5.1.9　质量保证和质量控制

（1）**空白实验**

每次分析至少做一个试剂空白和一个全程序空白，以检查可能存在的干扰。

试剂空白　将方法在提取、净化过程中用到的所有试剂，按照试验过程同样的浓缩倍数浓缩获得试剂空白，用样品同样的仪器条件测试，结果应低于方法检出限。

全程序空白　全程序空白实验的目的是为了建立一个不受污染干扰的分析环境。全程序空白可用洗净的河沙替代样品，按照与样品相同的操作步骤进行样品制备、前处理仪器分析和数据处理，全程序空白应每批样品至少做一个。

（2）**标准曲线的连续校准**

每 24 h 检查一次校准曲线，如果校准化合物的响应因子相对偏差大于 20%，则需要重新校准。

（3）**内标物检查**

样品中内标物的保留时间和最近一次校准中内标物的保留时间的偏差应不大于 30 s，否则需要检查色谱系统或重新校准。如果任何一种内标峰面积邻近两次变化大于 50%，必须检查色谱系统并重新校准，期间所做样品重新分析。

（4）**实际样品加标**

每批样品（每批中最多 20 个样品）须做 1 对基体加标样品，加标浓度为原样品浓度的 1～5 倍或曲线中间浓度点，加标样品与原样品在完全相同的测试条件下进行分析。

使用硅胶玻璃层析柱净化时，弃去戊烷的量和截至淋洗液的量依据柱子长短和淋洗溶剂的不同会发生变化，应根据回收率决定。

5.1.10 方法性能指标验证数据

（1）检出限

按照样品分析的全部步骤，对浓度值或含量为估计方法检出限值 2～5 倍的样品进行 n（$n \geq 7$）次平行测定。计算 n 次平行测定的标准偏差，方法检出限为：

$$MDL = t_{(n-1, 0.99)} \times S$$

式中：n——样品的平行测定次数；

t——自由度为 $n-1$，置信度为 99% 时的 t 分布（单侧）；7 次 t 值为 3.143；

S——n 次平行测定的标准偏差。

建议选择浓度从 10 倍仪器检出限开始。若满足如下条件：如果达到至少有 50% 的被分析物样品浓度在 3～5 倍计算出的方法检出限的范围内，同时，至少 90% 的被分析物样品浓度在 1～10 倍计算出的方法检出限的范围内，其余不多于 10% 的被分析物样品浓度不应超过 20 倍计算出的方法检出限，则说明用于测定 MDL 的初次样品浓度比较合适。对于个别特殊响应的目标化合物应单独配制合适浓度。方法检出限参考数据见表 5-2。

表 5-2 单一实验室测定土壤中多环芳烃方法的精密度和准确度结果

化合物名称	检出限/(μg/kg)	测定下限/(μg/kg)	RSD/%			实际样品加标回收率/%	
			空白样品加标浓度 5.0 μg/L	空白样品加标浓度 10.0 μg/L	空白样品加标浓度 20.0 μg/L	砂质土加标浓度 1.0 μg/kg	耕作土加标浓度 1.0 μg/kg
萘	50	200	7	10	16	44	65
苊烯	30	130	6	2	12	60	70
苊	40	140	15	4	16	64	75
芴	40	160	6	5	7	76	84
菲	80	320	6	10	8	99	95
蒽	70	300	7	7	8	89	90
荧蒽	80	320	8	6	15	105	103
芘	80	320	8	6	19	103	101
苯并[a]蒽	80	340	8	5	13	111	107
䓛	80	300	8	4	5	107	104
苯并[b]荧蒽	40	170	10	4	14	119	106
苯并[k]荧蒽	40	140	10	3	9	104	107
苯并[a]芘	10	30	8	12	6	81	59
茚并[123-c,d]芘	40	150	14	6	17	101	107
二苯并[a,h]蒽	50	200	19	18	18	92	84
苯并[g,h,i]芘	60	240	18	18	16	78	87

精密度数据：单个实验室对 5～6 个 20.0 g 空白样品加入不同浓度液态标准物质进行全程序试验；准确度数据：单个实验室对 5～6 个实际样品 20.0 g 加入 20 μg 液态标准物质；前处理方法：使用快速溶剂萃取、GPC 净化、氮吹结合平行负压快速浓缩方法，定量采用全扫描。

（2）精密度

用干净河砂或石英砂替代土壤样品作为空白样品，分别加入低（测定下限附近）、中、高 3 个不同浓度的标准混合物和替代物，按照样品分析的全程序过程每个浓度分析 5～6 个平行样品，计算其标准偏差和相对标准偏差，以相对标准偏差表示精密度。

实验室对 20.0 g 空白样品添加液态标准物质后浓度为 0.25 µg/g、0.5 µg/g 和 1.0 µg/g 的目标物混标统一样品进行了测定，实验室内相对标准偏差分别为: 6%～19%、2%～18% 和 5%～18%，见表 5-2。

（3）准确度

① 对于单个实验室，如果有土壤有证标准物质，按照样品分析的全程序过程分析 5～6 个平行样品，计算每次测定值相对误差、相对误差均值 $\overline{\mathrm{RE}}$ 及相对误差标准偏差 $S_{\overline{\mathrm{RE}}}$，最终以 $\overline{\mathrm{RE}} \pm 2 S_{\overline{\mathrm{RE}}}$ 表示准确度。

② 没有标准物质时，可用实际样品加标测定 5～6 个平行样品，测定其加标回收率，以此表示准确度。

③ 实验室选择砂质土和耕作土 20.0 g 实际土壤样品加入 20µg 混合标准使用液，16 种多环芳烃加标回收率范围分别为: 44%～119% 和 59%～107%，见表 5-2。

5.1.11　注意事项

首先，所有有机试剂均有一定毒性，应在通风罩或通风橱内操作，并做好个人防护。

其次，所用到的标准物质中含有剧毒和致癌物，操作时应按规定要求佩戴防护器具，避免皮肤和衣服接触；配制应在通风橱内进行操作；检测后的残液应做妥善的安全处理，不可随意丢弃。

最后，彻底清洗所用的任何玻璃器皿，以消除干扰物质。先用热水加清洁剂清洗，再用自来水和不含有机物的试剂水淋洗，在 130℃烘 2～3 h，或用甲醇淋洗后晾干。干燥的玻璃器皿必须在干净的环境中保存。

5.2　土壤中多环芳烃的测定 液相色谱法

5.2.1　适用范围

本方法规定了土壤中多环芳烃的液相色谱测定方法。

本方法适用于土壤中 16 种多环芳烃的测定。16 种多环芳烃（PAHs）包括：萘、苊烯、苊、芴、菲、蒽、荧蒽、芘、苯并[a]蒽、䓛、苯并[b]荧蒽、苯并[k]荧蒽、苯并[a]芘、二苯并[a,h]蒽、苯并[g,h,i]苝、茚并[1,2,3-c,d]芘。

当样品量为 10 g 时，16 种目标化合物的方法检出限为 1.19～4.59μg/kg，测定下限 4.76～18.4μg/kg，见表 5-4。

5.2.2 方法原理

土壤样品采用适宜的萃取方法萃取后，萃取液用硅胶柱或凝胶色谱（Gel Permeation Chromatography，GPC）等方式净化、洗脱、浓缩、定容后，用配备紫外/荧光检测器的高效液相色谱仪分离检测。

5.2.3 试剂和材料

除非另有说明，分析时均使用符合国家标准的分析纯化学试剂，实验用水为不含有机物的蒸馏水。

溶剂、试剂、玻璃器皿和其他样品处理器皿都会带来一些不规则的人为假象和（或）抬高基线，从而导致色谱数据的误解。以相同条件进行方法的空白实验，确保所有这些物质对测定不产生干扰。

（1）有机溶剂

乙腈（CH_3CN）、甲醇（CH_3OH）、正己烷（C_6H_{14}）、戊烷（C_5H_{12}）、二氯甲烷（CH_2Cl_2）、丙酮（$CH_3O\ CH_3$）或其他等效有机溶剂均为液相色谱纯。

（2）多环芳烃标准储备液

多环芳烃标准储备液：ρ=100～2 000 mg/L，于 4℃以下冷藏。含 16 种多环芳烃的乙腈溶液，包括萘、苊烯、苊、芴、菲、蒽、荧蒽、芘、䓛、苯并[a]蒽、苯并[b]荧蒽、苯并[k]荧蒽、苯并[a]芘、二苯并[a,h]蒽、苯并[g,h,i]苝、茚并[1,2,3-c,d]芘。

（3）多环芳烃标准使用液

多环芳烃标准使用液：ρ=10.0～200 mg/L，于 4℃以下冷藏。

取 1.0 ml 多环芳烃标准储备液于 10 ml 棕色容量瓶中，用乙腈稀释至刻度，该溶液中含多环芳烃 10.0～200 mg/L。

（4）十氟联苯（Decafluorobiphenyl）

纯度为 99%，样品萃取前加入，用于跟踪样品前处理的回收率。

（5）十氟联苯标准储备溶液

十氟联苯标准储备溶液：ρ=1 000 mg/L，于 4℃以下冷藏。

称取十氟联苯 0.025 g，准确到 1 mg，于 25 ml 容量瓶中，用乙腈溶解并稀释至刻度，该溶液中含十氟联苯 1 000 mg/L。

（6）十氟联苯标准使用液

十氟联苯标准使用液：ρ=40 mg/L，于 4℃以下冷藏。

取 1.0 ml 十氟联苯标准储备溶液于 25 ml 容量瓶中，用乙腈稀释至刻度，该溶液中含十氟联苯 40μg/ml。

注：所有标准溶液均应避光保存或参照制造商的产品说明保存方法，存放期间定期检查溶液的降解和挥发情况，特别是使用前应检查其变化情况，一旦挥发或降解应重新配制，使用前应恢复至室温、混匀。

（7）干燥剂：无水硫酸钠

干燥剂：无水硫酸钠（Na_2SO_4）或粒状硅藻土。400℃下焙烧 2 h，然后将温度降至 100℃，关闭电源转入干燥器中，冷却后装入试剂瓶中，于干燥器中密封保存。

（8）硅胶：色谱纯

硅胶：色谱纯，100～200 目。使用前需进行活化和净化处理。在烧杯中用甲醇洗净，待甲醇挥发完全后，在蒸发皿中摊开，厚度小于 10 mm，130℃下活化至少 16 h，然后放入干燥器冷却 30 min，装入试剂瓶中密封，保存在干燥器中。

（9）铜粉：分析纯

用（1+1）稀硝酸浸泡去除表面氧化物，然后用水清洗干净，再用丙酮清洗，氮气吹干待用。临用前处理，保持铜粉表面光亮。

（10）玻璃层析柱

玻璃层析柱：内径 20 mm 左右，长 10～20 cm 的带聚四氟乙烯阀门，下端具筛板的玻璃柱。

（11）固相萃取柱

固相萃取柱（硅胶）：500 mg/6 ml。

（12）河砂或石英砂

河砂或石英砂：20～100 目。使用前用有机溶剂将其提取干净或直接购置商品石英砂。

（13）玻璃毛或玻璃纤维滤纸

玻璃毛或玻璃纤维滤纸：在 400℃加热 1 小时，冷却后，贮于磨口玻璃瓶中密封保存。

（14）氮气

氮气，纯度≥99.999%，用于样品的干燥浓缩。

5.2.4　仪器

仪器主要有:

① 液相色谱仪:配备紫外检测器或荧光检测器,具梯度洗脱功能;

② 色谱柱:多环芳烃分析柱,填料为 ODS(硅胶键合碳十八硅烷),粒径 5 μm,柱长 250 mm,内径 4.6 mm 的反相色谱柱或其他性能相近的色谱柱;

③ 凝胶色谱仪:具备紫外检测器;

④ 浓缩装置:旋转蒸发装置或 K-D 浓缩器、浓缩仪,或同等性能的设备;

⑤ 固相萃取装置:手动或自动;

⑥ 分析天平:精度为 0.01 g;

⑦ 研钵:玻璃或玛瑙材质;

⑧ 一般实验室常用仪器和设备。

5.2.5　样品

(1)样品的采集与保存

参照 HJ/T 166 的相关要求采集有代表性的土壤样品,保存在事先清洗干净,并用有机溶剂处理过不存在干扰物的磨口棕色玻璃瓶中。运输过程中应密封避光、冷藏保存,途中避免干扰引入或样品的破坏,尽快运回实验室进行分析。如暂不能分析应在 4℃以下冷藏保存,保存时间为 10 d。

(2)试样的制备

除去枝棒、叶片、石子等异物,将所采全部样品完全混匀。需要风干的样品放在事先用有机溶剂清洗过的金属盘中,在室温下避光、干燥。也可用硅藻土将样品拌匀,直至样品呈散粒状。

注:干燥、研细的样品对于提取不挥发、非极性的有机物有较好的提取效果。风干不适于处理易挥发的多环芳烃(如:萘等),冷冻干燥是处理这类样品的最佳选择。

(3)含水率的测定

按照 HJ 613 的相关规定测定样品的含水率。

5.2.6　测定步骤

(1)样品萃取

试样量依据具体萃取方法及样品中待测物浓度而定,一般称取 10.0~20.0 g 试样进行萃取。萃取方法可选择索氏提取、自动索氏提取、加压流体萃取或超声萃取等,萃取溶剂为正己烷/丙酮(1+1)。其他有机溶剂在被证明有良好的效果、满足回收率要求时也可采用。在萃取前加入 50 μl 十氟联苯。

（2）脱水和浓缩

在玻璃漏斗上垫上一层玻璃棉或玻璃纤维滤膜，铺加约 5 g 无水硫酸钠，将萃取液经上述漏斗直接过滤到浓缩器皿中，每次用少量萃取溶剂充分洗涤萃取容器，将洗涤液也倒入漏斗中，重复 3 次。最后再用少许萃取溶剂冲洗无水硫酸钠，待浓缩。

浓缩方法推荐使用以下 3 种方式，也可选择 K-D 浓缩等其他浓缩方式。

氮吹　萃取液转入浓缩管或其他玻璃容器中，开启氮气至溶剂表面有气流波动但不形成气涡为宜。氮吹过程中应将已经露出的浓缩器管壁用正己烷反复洗涤多次。

减压快速浓缩　将萃取液转入专用浓缩管中，根据仪器说明书设定温度和压力条件，进行浓缩。

旋转蒸发浓缩　将萃取液转入合适体积的旋转瓶中，设定温度不超过 40℃，浓缩至 2 ml，转出的提取液需要再用小流量氮气浓缩至 1 ml。

（3）脱硫

脱硫方法有以下两种：

一是将上述萃取液转移至 5 ml 离心管，加入 2 g 铜粉，在振荡器上混合至少 5 min。用一次性移液管吸出萃取液，待净化。

二是将适量铜粉铺在净化柱上层，让萃取液在铜粉层保留 5 min。

（4）净化、浓缩

当样品中有干扰时，可采取净化方法进行处理。本标准推荐下列两种净化方法，其他净化方法在被证明有良好的效果，满足回收率要求时也可采用。

① 硅胶柱净化

▲ 玻璃层析柱法

硅胶柱制备　在玻璃层析柱的底部加入石英玻璃棉，加入 10 mm 厚的无水硫酸钠，用少量二氯甲烷进行冲洗，柱中剩余二氯甲烷要没过石英玻璃棉。在层析柱上放一磨口小分液漏斗，倒入二氯甲烷直至充满层析柱，漏斗内存留一部分二氯甲烷，称取 10 g 活性硅胶倒入漏斗，用玻璃棒轻轻敲打层析柱，除去气泡，使硅胶填实，并放出二氯甲烷。在其上部加入 10 mm 厚的无水硫酸钠。

净化　用 40 ml 戊烷预淋洗层析柱，淋洗速度控制在 2 ml/min，在无水硫酸钠层暴露在空气中之前，关闭层析柱底端聚四氟乙烯阀门，弃去流出液。将 1 ml 萃取浓缩液移入层析柱上，用少量正己烷反复清洗浓缩瓶，将其全部移入层析柱，在无水硫酸钠层暴露在空气中之前，加入 25 ml 戊烷继续淋洗，弃去戊烷。然后用 25 ml 二氯甲烷/戊烷（2∶3）洗脱，洗脱液收集于浓缩瓶中浓缩至 1 ml 以下，加入 3 ml 乙腈，再浓缩至 1 ml。

▲ 固相萃取柱法

当浓缩后的萃取液颜色较浅时，可采用固相萃取柱净化。操作步骤如下：

依次用 5 ml 二氯甲烷和 15 ml 正己烷冲洗净化柱，弃去流出液。在溶剂流干之前，将 1 ml 萃取浓缩液转移到净化柱上，并用约 0.5 ml 的正己烷冲洗浓缩瓶，将洗涤液加入净化柱，然后再用 2 ml 二氯甲烷洗涤浓缩瓶，将洗涤液加入净化柱，用合适的容器接收流出液，最后用 15 ml 二氯甲烷洗涤净化柱，收集流出液于上述容器中。流出液经硫酸钠脱水、浓缩定容至 1 ml 以下，加入 3 ml 乙腈，再浓缩至 1 ml。

② 凝胶色谱净化

GPC 用前应用多环芳烃标准物进行方法校准，确定收集样品的起始时间。将提取液浓缩至 1 ml 左右，然后用 GPC 要求的流动相定容至 GPC 定量环需要的体积，按照标准物质校准验证后的净化条件收集流出液。GPC 净化后的样品用旋转蒸发仪浓缩至 5 ml，转入浓缩管中，用小流量 N_2 气吹至 1.0 ml 以下，加入 3 ml 乙腈，再浓缩至 1 ml。

（5）测定

① 仪器参考条件

柱温：35℃；

流动相：乙腈/水；

流速：1.0 ml/min；

梯度洗脱程序：先用乙腈/水 = 6∶4（V/V）以 1.0 ml/min 的流速洗脱 8 min，然后作线性梯度洗脱，在 10 min 内乙腈浓度由 60% 上升到 100%，并保持 10 min；

紫外检测器：检测波长 228 nm；

荧光检测器：根据不同待测物的出峰时间选择其最佳激发波长和最佳发射波长，编制波长变换程序。16 种多环芳烃在紫外检测器上对应的最大吸收波长及在荧光检测器特定的条件下最佳的激发和发射波长见表 5-3。

② 校准

标准系列的制备　分别量取适量的多环芳烃标准使用液和十氟联苯标准使用液，用乙腈稀释，制备至少 5 个浓度点的标准系列。如可配制为 0.04 μg/ml、0.10 μg/ml、0.50 μg/ml、1.00 μg/ml、5.00 μg/ml 系列标准溶液。

初始校准曲线　通过自动进样器或样品定量环分别移取 5 种浓度的标准使用液 10 μl，注入液相色谱，得到各不同浓度的多环芳烃的色谱图。以峰高或峰面积为纵坐标，浓度（μg/ml）为横坐标，绘制校准曲线。

标准样品的色谱图　图 5-2 为在本方法规定的仪器条件下，16 种多环芳烃标准物质的色谱图。

表 5-3　用紫外和荧光检测器检测多环芳烃时对应的波长　　　　单位：nm

序号	组分名称	最大紫外吸收波长	激发波长/λ_{ex}	发射波长/λ_{em}
1	萘	219	275	350
2	苊烯	228	—	—
3	苊	225	275	350
4	芴	210	275	350
5	菲	251	275	350
6	蒽	251	260	420
7	荧蒽	232	270	440
8	芘	238	270	440
9	䓛	267	260	420
10	苯并[a]蒽	287	260	420
11	苯并[b]荧蒽	258	290	430
12	苯并[k]荧蒽	240	290	430
13	苯并[a]芘	295	290	430
14	二苯并[a,h]蒽	296	290	430
15	苯并[g,h,i]苝	210	290	430
16	茚并[1,2,3-c,d]芘	251	250	500

注："—"表示荧光检测器不适用于苊的测定。

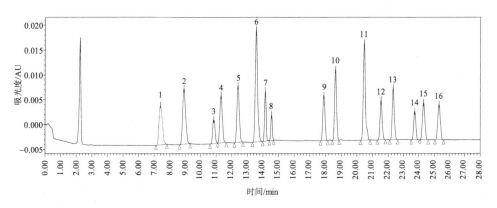

1. 萘；2. 苊烯；3. 苊；4. 芴；5. 菲；6. 蒽；7. 荧蒽；8. 芘；9. 苯并[a]蒽；10. 䓛；11. 苯并[b]荧蒽；12. 苯并[k]荧蒽；13. 苯并[a]芘；14. 二苯并[a,h]蒽；15. 苯并[g,h,i]苝；16. 茚并[1,2,3-c,d]芘

图 5-2　16 种多环芳烃标准色谱图

曲线校准   每个工作日应测定曲线中间点溶液来检验标准曲线。

③ 测定

取 10 μL 待测样品注入高效液相色谱仪中。记录色谱峰的保留时间和峰高（或峰面积）。采用保留时间进行定性，或采取标准样品添加法定性，或借助其他仪器验证。外标法定量。

④ 空白试验

使用 10 g 河砂或石英砂替代试样，按照与试样相同的测定步骤进行测定。

5.2.7   结果计算与结果表示

（1）结果计算

样品中多环芳烃的含量（μg/kg），按照下式进行计算。

$$\rho_i = \frac{\rho_{xi} \times V}{m \times (1-w)}$$

式中：ρ_i——样品中组分 i 的质量浓度（μg/kg）；

$\quad\quad\rho_{xi}$——根据校准曲线计算出目标化合物的浓度，μg/ml；

$\quad\quad V$ ——样品浓缩定容体积（mL）；

$\quad\quad m$ ——样品量（kg）；

$\quad\quad w$ ——样品含水率（%）。

（2）结果表示

测定结果保留 3 位有效数字。

5.2.8   精密度和准确度

5 家实验室分别对目标化合物含量为 2～50 μg/kg、5～125 μg/kg、10～250 μg/kg 的统一样品进行了测定，实验室内相对标准偏差为 5.8%～14.9%、4.5%～13.5%、5.5%～12.3%；实验室间相对标准偏差为 10.0%～22.0%、7.0%～12.0%、4.0%～14.0%；重复性限范围为：0.9～12.2 μg/kg、1.4～29.3 μg/kg、2.5～44.8 μg/kg；再现性限范围为：1.4～20.0 μg/kg、1.7～37.1 μg/kg、2.9～56.0 μg/kg。

5 家实验室分别进行了实际样品加标分析测定，加标量为 0.1～2 μg，加标回收率为 66.1%～92.4%。

5.2.9   质量保证和质量控制

（1）空白试验

试剂空白用于检查分析仪器的污染情况，每批试剂均应分析试剂空白。全程序空白用于检查样品制备过程的污染程度，每分析一批样品至少做一个全程序空白实验。所有空白测试结果应低于方法检出限。

（2）平行样品测定

每批样品应测定 10% 的平行样品，单次平行试验结果的相对标准偏差在 ±30% 以内。

（3）加标回收率控制范围

每批样品需做一对基体加标样，加标浓度为样品浓度的 1～3 倍，各组分的回收率在 50%～120%。十氟联苯回收率在 60%～120%。

（4）校准曲线的相关系数

校准曲线的相关系数 >0.995，否则重新绘制校准曲线。

（5）曲线校准

每个工作日应测定曲线中间点溶液，来检验校准曲线。连续校准的浓度为曲线中间点。其测定结果与最近一次校准曲线该点浓度的相对偏差应小于等于 10%。

5.2.10　废物处理

试验中产生的所有废液和废物（包括检测后的残液）应置于密闭容器中保存，贴上明显标志，委托具有资质的单位进行处理。

5.2.11　规范性附录：方法的检出限和测定下限

采用索氏提取和硅胶柱净化方法，样品量为 10 g 时，16 种目标化合物的方法检出限、测定下限及相关参数见表 5-4。

表 5-4　16 种多环芳烃的检出限和测定下限

出峰顺序	化合物名称	检出限/（μg/kg）		测定下限/（μg/kg）	
		荧光检测器	紫外检测器	荧光检测器	紫外检测器
1	萘	1.48	2.70	5.92	10.8
2	苊烯	—	2.64	—	10.6
3	苊	1.98	2.95	7.92	11.8
4	芴	2.26	4.09	9.04	16.4
5	菲	1.93	4.09	7.72	16.4
6	蒽	1.26	3.11	5.04	12.4
7	荧蒽	2.17	4.18	8.68	16.7
8	芘	1.19	2.92	4.76	11.7
9	苯并[a]蒽	1.24	3.08	4.96	12.3

出峰顺序	化合物名称	检出限/（μg/kg）		测定下限/（μg/kg）	
		荧光检测器	紫外检测器	荧光检测器	紫外检测器
10	萹	1.16	2.92	4.64	11.7
11	苯并[b]荧蒽	2.20	4.56	8.80	18.2
12	苯并[k]荧蒽	2.36	4.24	9.44	17.0
13	苯并[a]芘	1.89	4.59	7.56	18.4
14	二苯并[a,h]蒽	1.51	4.05	6.04	16.2
15	苯并[g,h,i]芘	1.54	4.18	6.16	16.7
16	茚并[1,2,3-c,d]芘	1.34	3.33	5.36	13.3

5.2.12　资料性附录：方法的精密度和准确度

采用索氏提取和硅胶柱净化方法，以 3 种不同含量的空白沙子加标统一样品进行精密度测定，以土壤为基质进行了样品加标分析测定。表 5-5 中给出了方法的重复性限、再现性限和加标回收率等精密度和准确度指标。

表 5-5　方法的准确度和精密度

化合物名称	浓度/（μg/kg）	实验室内相对标准偏差/%	实验室间相对标准偏差/%	重复性限/（μg/kg）	再现性限/（μg/kg）	加标回收率 $\rho \pm 2S_\rho$
萘	25.0	7.4～12.5	15.0	7.1	13.2	
	50.0	7.1～13.5	10.0	15.7	22.7	66.1±14.6
	100	6.7～9.0	6.0	23.2	25.3	
苊烯	50.0	6.3～12.4	10.0	12.2	20.0	
	100	7.7～10.7	8.0	29.3	37.1	67.4±16.7
	200	7.0～11.2	7.0	44.8	56.0	
苊	2.50	5.8～11.7	12.0	6.9	11.9	
	5.00	6.7～11.4	7.0	7.0	7.0	78.9±13.4
	10.0	6.7～9.4	7.0	24.6	30.2	
芴	5.00	9.9～11.7	21.0	1.5	4.0	
	10.0	4.5～9.1	7.0	2.5	3.2	86.81±9.6
	20.0	6.7～9.5	5.0	4.3	4.6	
菲	2.50	9.4～13.9	13.0	0.9	1.4	
	5.00	8.6～12.3	7.0	1.7	1.7	80.1±8.3
	10.0	6.8～10.3	8.0	2.9	3.9	

化合物名称	浓度/（μg/kg）	实验室内相对标准偏差/%	实验室间相对标准偏差/%	重复性限/（μg/kg）	再现性限/（μg/kg）	加标回收率 $\rho \pm 2S_\rho$
蒽	2.50	8.5～14.9	13.0	0.9	1.4	
	5.00	8.6～10.5	7.0	1.4	1.8	86.0±8.1
	10.0	6.3～10.3	8.0	2.7	3.5	
荧蒽	5.00	8.5～11.5	21.0	1.6	4.4	
	10.0	9.5～11.3	7.0	3.0	3.5	86.4±12.6
	20.0	6.1～12.3	5.0	5.3	5.7	
芘	2.50	7.7～12.4	20.0	0.9	2.0	
	5.00	7.0～9.9	10.0	1.3	2.0	82.0±12.4
	10.0	7.5～11.7	12.0	3.0	4.8	
苯并[a]蒽	2.50	8.5～13.8	12.0	0.9	1.4	
	5.00	7.6～10.4	9.0	1.4	1.9	85.8±14.3
	10.0	7.6～9.8	9.0	2.7	3.5	
䓛	2.50	7.3～11.6	22.0	0.9	2.1	
	5.00	7.3～11.3	7.0	1.4	1.7	82.5±18.1
	10.0	8.8～10.3	11.0	3.0	4.7	
苯并[b]荧蒽	5.00	6.7～12.8	21.0	1.6	3.9	
	10.0	7.0～10.2	10.0	2.6	3.4	86.1±18.5
	20.0	5.5～10.1	4.0	4.8	5.0	
苯并[k]荧蒽	2.50	6.4～12.4	20.0	0.9	2.1	
	5.00	6.8～11.4	7.0	1.3	1.7	78.5±9.9
	10.0	5.8～11.3	7.0	2.9	3.2	
苯并[a]芘	2.50	8.2～13.6	16.0	1.0	1.6	
	5.00	5.4～12.0	10.0	1.6	2.3	79.5±4.4
	10.0	5.1～10.1	5.0	2.5	2.9	
二苯并[a,h]蒽	5.00	8.7～12.5	12.0	1.7	2.6	
	10.0	7.6～11.7	7.0	2.9	3.3	92.4±11.4
	20.0	7.2～9.1	7.0	4.9	5.6	
苯并[g,h,i]芘	5.00	7.1～11.8	21.0	1.7	3.9	
	10.0	6.9～10.4	12.0	2.7	4.9	85.3±19.2
	20.0	5.9～11.7	7.0	5.0	5.2	
茚并[1,2,3-c,d]芘	2.50	7.6～10.5	16.0	0.8	1.7	
	5.00	8.5～11.5	12.0	1.4	2.2	85.8±14.5
	10.0	7.0～10.0	14.0	2.7	5.1	
十氟联苯	—	—	—	—	—	81.8±14.5

第6章　土壤优控物分析方法（三）

6.1　土壤中汞和砷的测定　原子荧光光谱法

6.1.1　适用范围

本方法规定了测定土壤中 Hg 和 As 的原子荧光光谱法。

本方法适用于土壤中 Hg 和 As 的测定。

取样量为 0.500 0 g 时，汞的检出限为 0.005 mg/kg，测定下限为 0.02 mg/kg；取样量为 0.200 0 g 时，砷的检出限为 0.125 mg/kg，测定下限为 0.50 mg/kg。

6.1.2　方法原理

本方法用盐酸-硝酸混合溶液对土壤样品进行水浴消解，然后以硫脲、抗坏血酸和酒石酸进行预处理，氢化物发生-原子荧光光谱法（HG-AFS）测定砷的含量；用王水水浴消解样品后，以重铬酸钾进行预处理，测定汞的含量。

6.1.3　干扰和消除

样品消解过程中引入干扰的主要方面包括：酸度对测定的影响，消解过程中所用试剂对空白的干扰。

6.1.4　试剂和材料

除非另有说明，分析时均使用符合国家标准或专业标准的分析纯试剂和实验用水（18.2 MΩ·cm 超纯水），试剂与实验用水均应通过目标化合物空白测试确证。

盐酸　ρ（HCl）= 1.19 g/ml，优级纯。

硝酸　ρ（HNO$_3$）=1.42 g/ml，优级纯。

氢氧化钾　优级纯。

硼氢化钾　优级纯。

硫脲　优级纯。

抗坏血酸　优级纯。

酒石酸　分析纯。

重铬酸钾　优级纯。

王水　硝酸-盐酸混合溶液，HNO_3-HCl（$3 : 1$，V/V）。

5%重铬酸钾　称取 5 g 重铬酸钾，溶解于水中，定容至 100 ml。

盐酸-硝酸混合溶液　盐酸-硝酸混合溶液（$9 : 1$，V/V）。

5%硫脲-5%抗坏血酸混合溶液　分别称取 5 g 硫脲和 5 g 抗坏血酸,溶于水中，定容至 100 ml。

土壤标准样品　外购。

二氧化硅　纯品，外购。

氩气　钢瓶气，纯度不低于 99.99%。

6.1.5 仪器和设备

仪器和设备主要有：

采样器：土壤采样器；

样品容器：塑料袋或玻璃瓶；

尼龙筛：20 目，200 目；

研钵：玛瑙材质；

原子荧光分光光度计；

空心阴极灯；

电子恒温水浴锅；

比色管：无砷、汞溶出，须经空白试验验证；

一般实验室常用仪器。

6.1.6 样品

（1）样品采集和保存方法

样品采集和保存方法按照《土壤环境监测技术规范》进行。

（2）样品的预处理

样品的脱水　样品置于阴凉、通风处晾干。

样品的筛分制备　将新鲜样品平铺于硬质白纸板上，用玻棒等压散（勿破坏自然粒径）。剔除大小砾石及动植物残体等杂物，样品过 20 目筛，直至筛上物不含泥土。弃去筛上物，筛下物用四分法缩分，获得所需量样品。用玛瑙研钵研磨至样品全部通过 200 目筛，装入棕色广口瓶中，贴上标签后取样分析或在干燥皿中保存待用，样品可长期保存。

6.1.7 分析步骤

（1）样品处理

砷　精确称取 0.200 0 g 试样于 25 ml 比色管中，加入 5 ml 盐酸—硝酸混合溶液，振荡后至于沸水浴中分解 1 h，沸水浴中须摇动 3 次，然后取下冷却，加入 5 ml 5%硫脲–5%抗坏血酸混合溶液，摇匀后，用含 5.0 g/L 酒石酸的 3 mol/L HCl 溶液稀释至刻度，混匀，静置澄清（至少 30 min），在与绘制工作曲线相同的条件下进行测定，同批随带空白实验。消解后的样品须在 48 h 内完成测定。

汞　精确称取 0.500 0 g 试样中于 25 ml 比色管，用 5.0 ml 水润湿，加入 5.0 ml 水，振荡后置于沸水浴中消解 2 h，中途摇动 3 次，然后取下冷却，加入 1～2 滴 5% K_2CrO_7 溶液，用纯水稀释至刻度，混匀，静置澄清（至少 30 min），在与绘制工作曲线相同的条件下，测定同批随带空白实验。消解后的样品须在 48 h 之内完成测定。

（2）仪器调试

调试仪器性能，对仪器分析条件逐个进行优化，选出仪器最佳工作参数。测定汞的仪器参考工作参数为：波长 253.7 nm，灯电流 20 mA，负高压 240V，氩气流量 1 000 ml/min，原子化温度 200℃。测定砷的仪器参考工作参数为：波长 193.7 nm、灯电流 40 mA、负高压 260V、氩气流量 1 000 ml/min、原子化温度 200℃。

（3）校准

① 工作曲线系列溶液的配制

采用不同含量的土壤标准样品在同一条件下进行工作曲线绘制，标准样品与待测样品在同等条件下消解并测定。

② 工作曲线的绘制

将 Hg 或 As 的工作曲线系列以浓度从低到高的顺序依次上机测定，根据测定结果绘制浓度—荧光强度关系曲线图，曲线相关系数 R 应不低于 0.999。为保证获取满意的曲线线性，每个曲线点应用 2～3 个平行样测定结果（含消解过程）的平均值绘制。

（4）样品测定

将处理好的试样在仪器最佳工作参数条件下，按照仪器使用说明书的有关规定进行测定。

（5）空白试验

在分析样品的同时，应作空白实验，不加样品或以等量去离子水作为样品，按与样品测定相同的步骤进行测试，检查分析过程中是否有污染因素。如果空白值过高，则应检查试剂的纯度或仪器的漂移，必要时对试剂进行纯化处理或对仪器进行校准。

6.1.8　结果计算与表示

扣除空白值后的元素测定值即为样品中该元素的浓度。

如果试样在测定之前进行了富集或者稀释，应将测定结果除以或者乘以一个相应的倍数。

最终的测定结果以 mg/kg 计，保留 3 位有效数字。

$$C(\mathrm{mg/kg}) = \frac{C \times V}{M}$$

式中：C ——消解定容后样品的测定浓度（μg/L）；

　　　V ——定容体积（L）；

　　　M ——取样量（g）。

6.1.9　质量保证和质量控制

（1）仪器性能控制

必须用检定合格的仪器进行样品分析。仪器做好定期维护工作，制定维护程序。如果在监测过程中发现仪器灵敏度显著变化或测定结果异常，应立即对仪器进行检查，找出原因并解决。

（2）空白试验

每批样品（≤10 个）必须做 2 个以上平行空白样品，如果空白值明显偏高或几个空白值的相对差值过大，应仔细检查原因，消除导致空白值偏高或差值过大的因素。

（3）精密度控制

考虑到土壤的样品均匀性，每个样品应做 2 个以上平行样，各平行样测试结果的相对标准偏差不能高于 10%。最终结果以各平行样测试结果的平均值报出。

（4）准确度控制

每批样品（≤10 个）带一个质控样品以检验分析测试结果的准确性，当质控样测定值超出允许范围时，应仔细查找原因，并消除影响，直至质控样测定值合格后方可继续测定。

分析每批样品（≤10 个）时须抽取样品数量的 10%进行加标回收实验，加标回收率须在 80%～120%。

6.1.10　废物处理

测定完成后剩余的样品属于危险废物，须按照危险废物处理处置规定送有资质的单位进行处置。

6.1.11　注意事项

① 样品预处理和测定中所使用的容器清洗干净后，以 10%的稀硝酸浸泡过夜，再以自来水冲洗、去离子水反复洗涤，以尽量降低空白背景。

② As 和 Hg 均为剧毒元素，在配制标准溶液及测定时，应防止与皮肤直接接触并保证室内有良好的排风系统。

6.2　土壤中铊的测定　石墨炉原子吸收法

警告：试验中所用到的试剂及标准物质均为有毒有害物质，配制过程应在通风橱中进行；应按规定佩戴防护器具，避免接触皮肤和衣服。

6.2.1　适用范围

本方法规定了测定土壤中铊的石墨炉原子吸收法。

当称样量为 0.500 0 g 时，检出限为 0.2 mg/kg；测定下限为 0.8 mg/kg。适用于土壤样品及岩石矿物的分析。

6.2.2　规范性引用文件

本方法内容引用了下列文件或其中的条款。凡是不注明日期的引用文件，其有效版本适用于本标准。

《土壤元素的近代分析方法》,中国环境监测总站,中国环境科学出版社,1992。

HJ/T 166—2004　土壤环境监测技术规范。

6.2.3　方法原理

在硫酸—溴化钾介质中有 Fe^{3+} 存在时，Tl^+ 可以氧化为 Tl^{3+}。Tl^{3+} 与 Br^- 形成络

阴离子 [$TlBr_4$]⁻和 MIBK 作用形成离子缔合物而被 MIBK 萃取，直接将有机相进石墨炉作原子吸收测定。

6.2.4 试剂

除非另有说明，分析时均使用符合国家标准的分析纯化学试剂，实验用水为新制备的去离子水或蒸馏水。

盐酸（HCl）ρ = 1.19 g/ml，优级纯。

硝酸（HNO_3）ρ = 1.42 g/ml，优级纯。

硫酸（H_2SO_4）ρ = 1.84 g/ml。

氢氟酸（HF）ρ = 1.49 g/ml。

高氯酸（$HClO_4$）ρ = 1.68 g/ml，优级纯。

磷酸（H_3PO_4）ρ = 1.69 g/ml，优级纯。

甲基异丁基酮（MIBK）

铊标准储备液 准确称取 1.302 0 g 硝酸铊（AR）溶于 20 ml（1+1）HNO_3 中，移入 1 000 ml 容量瓶中，用水稀释至标线，摇匀。此溶液含铊 1.00 mg/ml。

铊标准溶液 分别准确移取铊标准储备液 2.00 ml 于 100 ml 容量瓶中，用 1%硝酸定容。此溶液含铊 20.0μg/ml。

铊标准操作液 准确移取铊标准溶液 10.00 ml 于 100 ml 容量瓶中，用 1%硝酸稀释至标线，摇匀。此溶液含铊 2.0 μg/L。

溴化钾溶液 50%（W/V）溴化钾溶液。

三氯化铁溶液 称取 241 g $FeCl_3·6H_2O$ 溶于 500 ml 水中，Fe^{3+} 含量为 100 mg/ml。

6.2.5 仪器和设备

仪器和设备主要有：石磨炉原子吸收分光光度计：带有背景校正器；涂 Mo 或涂 La 石墨管；铊空心阴极灯；电热板：功率 3 000W；10 μl 手动进样器；分析天平：精度为 0.000 1 g；电子烘箱：恒温控制，通风并能保持（105±5）℃；其他实验室常用仪器。

不同型号仪器的最佳测试条件不同，可根据仪器使用说明书自行选择。通常本标准采用表 6-1 中的测量条件。

表 6-1　铊的测定条件

元　素	Tl
波长/nm	276.8
通带宽度/nm	0.4
干燥/（℃/s）	80～120/20
灰化/（℃/s）	500/20
原子化/（℃/s）	2 500/5
清除/（℃/s）	2 600/3
进样量/μl	10
Ar 气流量/（ml/min）	200

6.2.6　样品

（1）采集与保存

参照 HJ/T 166—2004 中有关要求用竹片或竹刀采集有代表性的土壤样品。保存在样品袋中；样品袋一般由棉布缝制而成，如样品潮湿可内衬塑料袋。运输过程中应密封避光，途中避免干扰引入或样品的破坏，尽快运回实验室进行分析。如暂不能分析用可密封的聚乙烯或玻璃容器在 4℃以下避光保存，样品要充满容器。

（2）试样的制备

需要风干的土样放在有机玻璃板上，风干室朝南（严防阳光直射土样），通风良好，整洁，无尘，无易挥发性化学物质。待土样风干后，除去土样中枝棒、叶片、石子等异物，将所采全部样品完全混匀，采用木槌或玛瑙研磨机对土样进行磨碎，过 100 目筛后待用。

（3）含水率的测定

取 5 g（精确至 0.01 g）样品在（105±5）℃下干燥至少 6 h，以烘干前后样品质量的差值除以烘干前样品的质量再乘以 100，计算样品含水率 w（%），精确至 0.1%。

（4）试样的预处理

准确称取 0.500 0～1.000 0 g 土样于聚四氟乙烯坩埚中，用几滴水润湿后，加入 10 ml HCl，于电热板上低温加热至 2 ml 时，加入 15 ml 浓 HNO_3 继续加热至黏稠状，加入 10 ml HF，加热挥发氟化硅，最后加入 $HClO_4$ 10 ml，蒸发至白烟冒尽，土壤消解物呈白色近干状，用水冲洗杯壁。同时制备全程序试剂空白。

注：电热板温度不宜太高，否则会使聚四氟乙烯坩埚变形。

6.2.7 分析步骤

（1）测定

将上述消解好的试液按校准曲线的绘制步骤进行萃取测定。由试样的吸光度减去全程序空白的吸光度，从校准曲线上查出试样中铊的含量。

（2）空白试验

用去离子水代替试样，采用和试样的预处理相同的步骤和试剂，制备全程序空白溶液。并按校准曲线的绘制步骤进行测定。每批样品至少制备 2 个以上的空白溶液。

（3）校准曲线

于 6 个 50 ml 的烧杯中，分别加入 0 ml、0.05 ml、0.10 ml、0.20 ml、0.30 ml、0.40 ml 铊标准操作溶液，再加入三氯化铁溶液 0.5 ml 及浓盐酸 1 ml。置电热板上蒸干后，加入 15 ml（1+1）硫酸微热溶解，加入 50 ml 具塞比色管中冷至室温，加水至 35 ml，再加入溴化钾溶液 2 ml，摇匀。放置 5 min，加入 5 ml 磷酸，加水定容至 50 ml。准确加入甲基异丁基酮（MIBK）5 ml，振摇 3 min，静置分层。取有机相进石墨炉测定铊的吸光度，经空白校正后绘制吸光度—浓度曲线。

6.2.8 结果计算

土壤样品中铊的含量 W（Tl，mg/kg）按下式计算：

$$W = \frac{\rho \cdot V}{m(1-w)}$$

式中：ρ——试液的吸光度减去空白试验的吸光度，然后在校准曲线上查得铊的含量（mg/L）；

V——试液（有机相）的体积（mL）；

m——称取试样重量（g）；

w——试样中的水分含量（%）。

6.2.9 质量保证和质量控制

（1）试剂空白

每天必须最少用 1 个试剂空白和 3 个标准制作一条标准曲线，用至少 1 个试剂空白和 1 个浓度位于或接近中间范围的验证标准（由参考物质或另一份标准物质配制）进行检验，验证标准的检验结果相对误差必须在真值的±10%以内，该标准曲线才可使用。

（2）全程序空白

全程序空白实验的目的是为了建立一个不受污染干扰的分析环境。全程序空白按照与样品相同的操作步骤进行样品制备、前处理、仪器分析和数据处理。

全程序空白应每批样品（1批最多20个样品）做一个，前处理条件或试剂变化时均要重新做全程序空白，全程序空白中检出每个目标化合物的浓度不得超过方法的定量检出限。

（3）验证

如果每天分析的样品数多于 10 个，则每做完 10 个试样，要用浓度位于中间范围的标准或验证标准对工作曲线进行验证，检验结果相对误差必须在真值的±20% 以内，否则要将前 10 个试样重新测定。

（4）试样

在每批测试试样中，至少应该有一个加标样和一个平行样。

（5）判断方法

当试样基体十分复杂，以致其黏度、表面张力和成分不能用标准准确地匹配时，应使用干扰试验的方法判断是否需要使用标准加入法。

（6）干扰试验

稀释试验　在试样中选一个有代表性的试样做逐次稀释以确定是否有干扰存在，试样中分析元素的浓度至少为其检出限的 25 倍。测定未稀释试样的浓度，将试样稀释至少 5 倍（1＋4）后再进行分析。如果所有试样的浓度均低于检出限的 10 倍，要做下面所述的加标回收分析。若未稀释试样和稀释了 5 倍的试样的测定结果一致（相差在 10%以内），则表明不存在干扰，不必采用标准加入法分析。

回收率试验　如果稀释试验的结果不一致，则可能存在基体干扰，需要做加标样品分析以确认稀释试验的结论。另取一份试样，加入已知量的被测物使其浓度为原有浓度的2～5 倍。如果所有样品所含的分析物浓度均低于检出限，按检出限的 20 倍加标。分析加标样品并计算回收率，如果回收率低于 85%或高于115%，则所有样品均要用标准加入法测定。

（7）标准加入法

标准加入法是向一份或多份备好的样品溶液中加入已知量的标准物质。通过增加待测组分，提高或降低分析信号，使其斜率与校准曲线产生偏差。不应加入干扰组分，这样会造成基线漂移。

注意以下的制约条件：标准加入的浓度应该在标准曲线的线性范围内，为了得到最好的结果，标准加入法标准曲线的斜率应该与水标准曲线的斜率大体相同，如果斜率明显不同（大于 20%），使用时应该慎重；干扰影响不应该随分析物浓度和试样基体比的改变而变化，并且加入标准应该与被分析物有同样的响应；在测定中必须没有光谱干扰，并能校正非特征背景干扰。

6.2.10　方法的性能指标验证数据

用 3 个不同浓度的 GSS 系列土壤标样替代土壤样品，按照样品分析的全程序过程每个浓度分析 5 个平行样品。相对误差为：−9.7%～−3.2%，相对标准偏差为：3.85%～10.7%，见表 6-2。

表 6-2　方法的精密度和准确度

元素	土壤标样	保证值/（mg/kg）	测定值/（mg/kg）	总均值/（mg/kg）	相对标准偏差/%	相对误差/%
Tl	GSS-2	0.62±0.13	0.50～0.64	0.59	9.97	−9.7
	GSS-4	0.94±0.16	0.88～0.97	0.91	3.85	−3.2
	GSS-8	0.59±0.08	0.52～0.62	0.56	10.7	−5.1

6.2.11　废弃物的处理

试验中所产生的所有废液和其他废弃物（包括检测后的残液）应集中存放，并附警示标志，送具有资质单位集中处置。

6.3　土壤中铍的测定　石墨炉原子吸收法

警告：试验中所用到的试剂及标准物质均为有毒有害物质，配制过程应在通风橱中进行；应按规定佩戴防护器具，避免接触皮肤和衣服。

6.3.1　适用范围

本方法规定了测定土壤中铍的石墨炉原子吸收方法。

取样量为 0.500 0 g 时，铍的检出限为 0.07 mg/kg，测定下限为 0.28 mg/kg。

6.3.2　规范性引用文件

本方法内容引用了下列文件或其中的条款。凡是不注明日期的引用文件，其有效版本适用于本标准。

HJ/T 166—2004　土壤环境监测技术规范

6.3.3 方法原理

采用盐酸—硝酸—氢氟酸—高氯酸混酸体系全消解的方法，破坏土壤的矿物晶格，使试样中的待测元素全部进入试液，消解液经加入氯化钯（$PdCl_2$）为基体改进剂，注入石墨炉中，经过预设的干燥、灰化和原子化形成铍基态原子对234.9 nm 产生吸收，其吸收强度在一定范围内与铍浓度成正比，将试样的吸光度与标准溶液的吸光度进行比较，测定试样中铍的浓度，从而计算出土壤中铍的含量。

6.3.4 干扰和消除

基体改进剂的加入可以消除干扰、提高灰化温度和分析灵敏度。加入 25 mg/L 钙（Ⅱ）盐基体改进剂时测得铍的吸收信号最大。在所选的实验条件下，测定 50 ng 铍时，下列离子不干扰测定（以 μg 计）：K^+、Na^+、Ca^{2+}（1 000）、Mn^{2+}、Mg^{2+}（500）；Fe^{3+}（300）、Cu^{2+}、Zn^{2+}（200）、Cd^{2+}、Ni^{2+}、Pb^{2+}（100），由此表明本法可以完全消除试样基体的影响。

6.3.5 试剂

除非另有说明，分析时均使用符合国家标准的分析纯化学试剂，实验用水为新制备的去离子水或蒸馏水。

水　蒸馏水或去离子水（或 GB/T 6682 规定的一级水）。

盐酸　ρ（HCl）= 1.19 mg/L，优级纯。

硝酸　ρ（HNO_3）= 1.42 g/ml，优级纯。

氢氟酸　ρ（HF）= 1.49 g/ml，优级纯。

高氯酸　ρ（$HClO_4$）= 1.68 g/ml，优级纯。

硝酸溶液　1+99，用 ρ（HNO_3）= 1.42 g/ml 的硝酸优级纯配制。

硝酸溶液　5+95，用 ρ（HNO_3）= 1.42 g/ml 的硝酸优级纯配制。

盐酸溶液　1+1，用 ρ（HCl）= 1.19 mg/L 的优级纯盐酸配制。

铍标准储备液　1 000 mg/L。使用市售的标准溶液或准确称取 1.965 6 g 硫酸铍（$BeSO_4 \cdot 4H_2O$），用少量水溶解后全量转入 100 ml 容量瓶中，加入用 ρ（HNO_3）= 1.42 g/ml 的优级纯配制的硝酸 1 ml，用蒸馏水或去离子水（或 GB/T 6682 规定的一级水）定容至标线，摇匀。

铍标准中间液 A　10.00 mg/L。准确吸取铍标准储备液 1.00 ml 于 100 ml 容量瓶中，用 1%硝酸定容至标线，摇匀。

铍标准中间液 B 100.0 µg/L。准确吸取铍标准中间液 A1.00 ml 于 100 ml 容量瓶中，用 1%硝酸定容至标线，摇匀。

铍标准使用液 5.00 µg/L。准确吸取铍标准中间液 B 5.00 ml 于 100 ml 容量瓶中，用 1%硝酸定容至标线，摇匀，临用时现配。

氯化钯溶液 ρ（Pd）= 10 g/L。称取 1.70 g 氯化钯（$PdCl_2$），用硝酸（5+95）低温加热溶解，定容至 100 ml。

6.3.6 仪器和设备

仪器和设备主要有：石磨炉原子吸收分光光度计：带有背景校正器；热解涂层石墨管；铍空心阴极灯；电热板：功率 3 000W；氩气：高纯；20 µl 手动进样器；析天平：精度为 0.000 1 g；电子烘箱：恒温控制，通风并能保持 105℃±5℃；其他实验室常用仪器。

不同型号仪器的最佳测定条件不同，可根据仪器使用说明书自行选择。通常采用表 6-3 中的测量条件。

表 6-3 一般仪器的石墨炉使用条件

元　素	铍（Be）
测定波长/nm	234.9
通带宽度/nm	1.0
干燥温度（℃）/时间（s）	100～125/30
灰化温度（℃）/时间（s）	1 100～1 600/30
原子化温度（℃）/时间（s）	2 300～2 600/3
消除温度（℃）/时间（s）	2 700/3
原子化阶段是否停气	是
氩气流速/（mL/min）	300
进样量/µl	20（自动进样器或手动进样）

6.3.7 样品

（1）采集与保存

参照 HJ/T 166《土壤环境监测技术规范》中有关要求用竹片或竹刀采集有代表性的土壤样品。保存在样品袋中，样品袋一般由棉布缝制而成，如样品潮湿可内衬塑料袋。运输过程中应密封避光，途中避免干扰引入或样品的破坏，尽快运回实验室进行分析。如暂不能分析用可密封的聚乙烯或玻璃容器在 4℃以下避光保存，样品要充满容器。

（2）试样的制备

需要风干的土样放在有机玻璃板上，风干室朝南（严防阳光直射土样），通风良好，整洁，无尘，无易挥发性化学物质。待土样风干后，除去土样中枝棒、叶片、石子等异物，将所采全部样品完全混匀，采用木槌或玛瑙研磨机对土样进行磨碎，过100目筛后待用。

（3）含水率的测定

取5 g（精确至0.01 g）样品在（105±5）℃下干燥至少6 h，以烘干前后样品质量的差值除以烘干前样品的质量再乘以100，计算样品含水率w（%），精确至0.1%。

（4）试样的预处理

① 电热板消解法

准确称取试样0.2～0.5 g（精确至0.1 mg）于50 ml聚四氟乙烯坩埚中，用水润湿后加入10 ml盐酸，于通风橱内的电热板上低温加热，使样品初步分解，待蒸发至约剩3 ml左右时，取下稍冷，然后加入5 ml硝酸、5 ml氢氟酸，加盖后于电热板上中温加热0.5～1 h，加入2 ml高氯酸，加盖后于电热板上中温加热1 h，然后开盖，电热板温度控制在150℃，加热除硅，为了达到良好的飞硅效果，应经常摇动坩埚。当加热至冒浓厚高氯酸白烟时，加盖，使黑色有机碳化物分解。待坩埚壁上的黑色有机物消失后，开盖，驱赶白烟并蒸至内容物呈黏稠状。视消解情况，可再补加3 ml硝酸，3 ml氢氟酸，1 ml高氯酸，重复以上消解过程。取下坩埚稍冷，加入1 ml硝酸溶液，温热溶解可溶性残渣，全量转移至50 ml容量瓶中，冷却后用水定容至标线，摇匀。

② 微波消解法

准确称取试样0.2 g（精确至0.1 mg）于微波消解罐中，用少量水润湿后加入6 ml硝酸，2 ml盐酸，2～5 ml氢氟酸，按照一定升温程序（表6-4）进行消解，冷却后（或将溶液转移至50 ml聚四氟乙烯坩埚中）电热板加热飞硅，温度控制在150℃，蒸至内容物呈黏稠状。

表6-4　微波消解升温程序表

升温时间/min	消解温度/℃	保持时间/min
7	室温～120	3
5	120～160	3
5	160～190	25

取下坩埚稍冷，加入 1 ml 硝酸，温热溶解可溶性残渣，全量转移至 50 ml 容量瓶中，冷却后用水定容至标线，摇匀。

由于土壤种类较多，所含有机质差异较大，在消解时各种酸的用量可视消解情况酌情增减；电热板温度不宜太高，防止聚四氟乙烯坩埚变形；样品消解时，在蒸至近干时需特别小心，防止蒸干，否则待测元素会有损失。

消解后试样保存于聚乙烯瓶中，保证试样酸性 1%。

6.3.8 分析步骤

（1）测定

取空白溶液和适量样品溶液，测定其吸光度。由吸光度值在校准曲线上查得铍含量。每测定 10 个试样后要进行一次仪器校正，分别测定 0.0 μg/L 和 2.0 μg/L 标准溶液的吸光度，检查仪器灵敏度是否发生了变化。

（2）空白试验

用去离子水代替试样，采用和试液制备相同的步骤和试剂，制备全程序空白溶液，并按与试样的预处理相同条件进行消解。每批样品至少制备 2 个以上空白溶液。

（3）校准曲线

按所选工作条件，仪器自动进样并绘制校准曲线，铍的浓度分别为 0.0 g/L、0.5 g/L、1.0 g/L、2.0 g/L、3.0 g/L、4.0 g/L。

6.3.9 结果计算

土壤样品中铍的含量 W（Be，mg/kg）按下式计算：

$$W = \frac{\rho \cdot V}{m(1-w)} \times 1\,000$$

式中： ρ ——试液的吸光度减去空白试验的吸光度，然后在校准曲线上查得铍的
含量（μg/L）；

V ——试液定容的体积（mL）；

m ——称取试样重量（g）；

w ——试样中的水分含量（%）。

6.3.10 质量保证和质量控制

（1）试剂空白

每天必须最少用 1 个试剂空白和 3 个标准制作一条标准曲线，用至少 1 个试

剂空白和 1 个浓度位于或接近中间范围的验证标准（由参考物质或另一份标准物质配制）进行检验，验证标准的检验结果相对误差必须在真值的±10%以内，该标准曲线才可使用。

（2）全程序空白

全程序空白实验的目的是为了建立一个不受污染干扰的分析环境。全程序空白按照与样品相同的操作步骤进行样品制备、前处理、仪器分析并数据处理。

全程序空白应每批样品（1 批最多 20 个样品）做一个，前处理条件或试剂变化时均要重新做全程序空白，全程序空白中检出每个目标化合物的浓度不得超过方法的定量检出限。

（3）验证

如果每天分析的样品数多于 10 个，则每做完 10 个试样，要用浓度位于中间范围的标准或验证标准对工作曲线进行验证，检验结果相对误差必须在真值的±20%以内，否则要将前 10 个试样重新测定。

（4）试样

在每批测试试样中，至少应该有一个加标样和一个平行样。

（5）判断方法

当试样基体十分复杂，以致其黏度、表面张力和成分不能用标准准确地匹配时，应使用干扰试验的方法判断是否需要使用标准加入法。

（6）干扰试验

稀释试验   在试样中选一个有代表性的试样做逐次稀释以确定是否有干扰存在，试样中分析元素的浓度至少为其检出限的 25 倍。测定未稀释试样的浓度，将试样稀释至少 5 倍（1+4）后再进行分析。如果所有试样的浓度均低于检出限的 10 倍，要做下面所述的加标回收分析。若未稀释试样和稀释了 5 倍的试样的测定结果一致（相差在 10%以内），则表明不存在干扰，不必采用标准加入法分析。

回收率试验   如果稀释试验的结果不一致，则可能存在基体干扰，需要做加标样品分析以确认稀释试验的结论。另取一份试样，加入已知量的被测物使其浓度为原有浓度的 2~5 倍。如果所有样品所含的分析物浓度均低于检出限，按检出限的 20 倍加标。分析加标样品并计算回收率，如果回收率低于 85%或高于 115%，则所有样品均要用标准加入法测定。

（7）标准加入法

标准加入法是向一份或多份备好的样品溶液中加入已知量的标准物质。通过增加待测组分，提高或降低分析信号，使其斜率与校准曲线产生偏差。不应加入干扰组分，这样会造成基线漂移。

注意以下的制约条件：标准加入的浓度应该在标准曲线的线性范围内，为了得到最好的结果，标准加入法标准曲线的斜率应该与水标准曲线的斜率大体相同，如果斜率明显不同（大于 20%），使用时应该慎重；干扰影响不应该随分析物浓度和试样基体比的改变而变化，并且加入标准应该与被分析物有同样的响应；在测定中必须没有光谱干扰，并能校正非特征背景干扰。

6.3.11　废弃物的处理

试验中所产生的所有废液和其他废弃物（包括检测后的残液）应集中存放，并附警示标志，送具有资质单位集中处置。

6.4　土壤中铜、铅、锌、锰、镍、铬、钒和钴的测定（电感耦合等离子体发射光谱法）

6.4.1　适用范围

本方法规定了测定土壤中铜、铅、锌、锰、镍、铬、钒和钴的电感耦合等离子体发射光谱方法。

本方法适用于土壤中铜、铅、锌、锰、镍、镉、钒和钴的测定。

当称样量为 0.250 0 g 时，本方法的检出限为 0.1～1.0 mg/kg，见表 6-5。

表 6-5　土壤中 8 种元素的方法检出限和测定下限

编号	元素名称		方法检出限/（mg/kg）	测定下限/（mg/kg）
	中文名	元素符号		
1	铜	Cu	0.8	3.2
2	铅	Pb	1.0	4.0
3	锌	Zn	1.0	4.0
4	锰	Mn	0.1	0.4
5	镍	Ni	0.8	3.2
6	铬	Cr	0.8	3.2
7	钒	V	0.5	2.0
8	钴	Co	0.4	1.6

6.4.2　方法原理

等离子体发射光谱法（ICP）可以同时测定样品中多元素的含量。过滤或消解处理过的样品经雾化后由氩载气带入等离子体火炬中，气化后的样品分子在等离子体火炬的高温下被原子化、电离、激发。不同元素的原子在激发或电离时可发射不同的特征谱线。

6.4.3　试剂和材料

除非另有说明，分析时均使用符合国家标准的优级纯化学试剂。

实验用水　符合《分析实验室用水规格和试验方法》（GB/T 6682—2008）二级水要求。

硝酸　ρ（HNO_3）= 1.42 g/ml。

氢氟酸　ρ（HF）= 1.14 g/ml。

高氯酸　ρ（$HClO_4$）= 1.68 g/ml。

1%硝酸溶液　用ρ（HNO_3）= 1.42 g/ml 的硝酸配制。

硝酸溶液　HNO_3：H_2O（1：1，V/V）。

目标金属元素标准溶液　环保部标准样品研究所配制的、浓度为 500 mg/L 的标准溶液。

载气　氩气，≥99.999%。

6.4.4　仪器和设备

仪器和设备主要有：

采样设备：铁铲（钻）、木铲和布袋等；

制样设备：风干盘和玛瑙球磨机（玛瑙研钵）等；

电感耦合等离子体发射光谱仪；

可控温加热套；

消解管：聚四氟乙烯；

分析天平：精度为 0.1 mg；

比色管：25 ml；

一般实验室常用仪器和设备。

6.4.5 样品

（1）样品的采集和保存

样品的采集和保存按照 HJ/T 166《土壤环境监测技术规范》进行。采样时在相应大小的每个采样点上，去除采样表面的杂质后，用不锈钢螺旋土钻采集 1 个样品，或用采样铲向下切取 1 片长 10 cm、宽 5 cm、深 10 cm 的土壤样品。用铁铲、土钻采样后，必须用竹片刮去与金属采样器接触的部分，再用竹片采取样品。每个分点的采样量尽量一致。

然后，将各分点样品等重量混匀后用四分法弃取（保留相当于 3 kg 风干土壤样品），装入封口塑料袋贴好标签，再装入布袋中再贴上一个标签。原则上，试样可在室温下保存 6 个月。

注：严格预防土钻或采样铲等对土壤样品的污染，每次下钻或铲前要清洗钻头或铲子，采集下层土壤时应注意消除钻头或铲表面带出的表层土壤等。

（2）试样的制备

风干过程 在风干室将土壤样品放置于风干盘中，除去土壤中混杂的砖瓦石块、石灰结核和根茎动植物残体等，摊成 2～3 cm 的薄层，经常翻动。半干状态时，用木棍压碎或用两个木铲搓碎土壤样品，置阴凉处自然风干。

研磨 在磨样室将风干的土壤样品（约 3 kg）倒在有机玻璃板上，用木锤敲打，用木棒或有机玻璃棒再次压碎；细小、已断的植物须根，可采用静电吸附的方法清除。混匀样品，过孔径 2 mm 尼龙筛，去除 2 mm 以上的砂粒；若砂粒含量较多，应计算其占整个土壤样品的百分数；大于 2 mm 的土团送磨样室继续研磨、过筛。用玛瑙球磨机（或手工）研磨的样品全部通过孔径 0.15 mm 的尼龙筛，四分法弃取，取 100 g 装入聚乙烯塑料瓶，用于土壤中目标元素含量的分析。

分析取用后的剩余样品一般保留半年。预留样品一般保存 2 年，以备必要时核查。

6.4.6 分析步骤

（1）样品消解

准确称取 0.250 0 g 过 0.15 mm 筛的土壤样品于 100 ml 聚四氟乙烯管中，可控温加热套上用硝酸 5 ml，于 120℃加热 40 min，然后加入氢氟酸 8 ml、高氯酸 2 ml 于 130℃消解，蒸至近干时用 1%硝酸溶解，过滤，加水定容至 25 ml。

注：由于土壤成分不同、有机质含量不同，每个土壤样品加入各种酸的量可酌情增减；可控温电热板温度不均匀、消解时间也长短可调。但温度不宜超过 180℃，消解时间不得少于 3.5 h。

（2）仪器条件

电感耦合等离子体发射光谱仪仪器工作参数见表 6-6。

表 6-6 仪器工作参数

工作参数	设定值
功 率	1.2 kW
雾化器压力	207 kPa
冷却气流量	17 L/min
辅助气流量	0.4 L/min
溶液提升量	1.0 L/min

测定各元素采用的波长条件见表 6-7。

表 6-7 测定各元素时采用的波长条件

元素	铜	铅	锌	锰	镍	铬	钒	钴
波长/nm	324.754	220.351	213.856	257.610	231.604	206.149	310.230	228.620

（3）校准曲线

根据被测样品的各目标元素浓度范围来配制标准系列溶液。用目标元素标准溶液逐级稀释为标准使用液，再用标准使用液来配制标准系列溶液，用 1%硝酸溶液定容，摇匀。

（4）测定

电感耦合等离子体发射光谱仪稳定后，用标准样品检查工作曲线标准无误后，可进行样品的分析。将经前处理后的试样导入进样管中，按与上述仪器条件相同的测定条件进行测定，并记录测定值。

（5）空白试验

用水代替样品，采用和样品制备相同的步骤和试剂，制备全程序空白样品，按相同测定条件进行测定。

6.4.7 结果计算与表示

根据样品的测定强度，从曲线上可获得样品的相应浓度 ρ，以 mg/L 计。如果试样在测定线进行了稀释，应将测定结果乘以一个相应的倍数。测定结果保留 3 位有效数字。

$$W = \rho \times V \times D / m$$

式中：W ——土壤样品的元素含量（mg/kg）；

ρ ——扣除空白试液浓度（mg/L）；

V ——试液定容体积（25 ml）；

D ——样品在测定前的稀释倍数；

m ——称取土壤样品的重量（g）。

6.4.8 质量保证和质量控制

（1）空白检查

每批（10～100 个样品）样品至少制备 2 个以上空白溶液，要求空白值不得超过方法检出限。

（2）仪器漂移校准

首先，每日分析样品前，应做工作曲线。

其次，在建立工作曲线后，需用质控样检查工作曲线的准确性。

最后，成批量（10～100 个样品）测定样品时，每 10 个样品为一组，加测一个标准样品，用以检查仪器的漂移程度。当质控样品测定值超出允许范围时，需用标准溶液对仪器重新调整，然后再继续测定。

（3）相关性检验、精密度控制和准确度控制

相关性检验 校准曲线中每个元素的相关系数应大于 0.995。

精密度控制 每批（10～100 个样品）样品中，随机抽取 10%的样品做平行双样检查（每批样品量少于 10 时，做 1 个样品的平行双样）。平行双样的分析结果用相对偏差来评价，各个元素允许的相对偏差见表 6-8。

表 6-8 各元素允许的相对标准偏差

元素	室内相对标准偏差/%	元素	室内相对标准偏差/%
铜	±15	铅	±15
锌	±20	镍	±10
锰	±10	铬	±5
钴	±10	钒	±15

准确度控制 每批（10～100 个样品）样品中，随机抽取 10%的样品做基体加标测定，计算加标回收率和平行样品回收率的相对偏差，加标回收率应控制在

80%～110%。

（4）超浓度样品

对于目标元素浓度超过标准曲线最高浓度点的样品，一定要稀释后重新分析。

6.4.9　方法性能指标

（1）方法检出限测定

检出限的测定方法为：按照样品分析的全部步骤，平行测定 7 次空白试验，计算 7 次平行测定的标准偏差，按下式计算检出限。

$$MDL = t_{(n-1,\,0.99)}\,S$$

式中：MDL——检出限；

$t_{(n-1,\,0.99)}$——置信度为 99%，自由度为 $n-1$ 时的 t 值（查表可得）；

n ——平行分析的样品数据（本方法中为 7）。

S ——7 次测定浓度的标准偏差，计算公式为：

$$S = \sqrt{\frac{1}{n-1}\sum_{k=1}^{n}\sqrt{\left(x_k - \overline{x}\right)^2}}$$

（2）精密度

表 6-9　标准土壤样品的测定结果

样品名		$X_0/$（mg/kg）	$X_n/$（mg/kg）	$X_{\min}\sim X_{\max}/$（mg/kg）	S	$CV/\%$
ESS-1	铜	20.9±0.8	21.1	20.1～22.1	0.728	3.45
	铅	23.6±1.2	30.8	29.8～32.1	0.826	2.69
	锌	55.2±3.4	55.7	51.2～59.4	3.100	5.56
	铬	57.2±4.2	61.2	59.3～62.5	1.129	1.84
	镍	29.6±1.8	28.5	26.8～30.1	1.166	4.09
	锰	1 097±27	1 060	1 025～1 099	25.867	2.44
	钒	77.5±3.1	76.1	72.6～78.1	2.311	3.04
	钴	14.8±0.7	13.7	13.0～14.8	0.321	4.62

（3）准确度

称取 0.250 0 g 标准土壤样品 GSS-3 进行测定，测定结果见表 6-10。

表 6-10　标准土壤样品的准确度测定结果

元素	测定平均值	保证值
铜	27.3	27.6±0.5
铅	31.3	24.6±1.0
锌	64.5	63.5±3.5
铬	81.4	75.9±4.6
镍	32.0	33.6±1.6
锰	1 056	1 063±36
钒	102	105±4
钴	23.4	25.6±1.2

当加标量为 5.0 μg 时，按全程序进行 6 次平行测定，回收率结果见表 6-11。

表 6-11　标准土壤样品的加标回收率测定结果

元素	回收率/%
铜	94～105
铅	96～128
锌	98～108
锰	98～104
镍	94～109
铬	93～99
钒	94～105
钴	94～107

6.4.10　注意事项

① 所用的实验器材均要用 20%硝酸浸泡过夜，再用自来水和去离子水各洗涤 3 遍，备用。

② 样品消解过程中使用强腐蚀性浓酸并进行高温消解，必须做好防护措施，注意安全。消解必须在通风橱中进行。在样品消解、配制和测定过程中，应防止酸液与皮肤直接接触并保证室内有良好的排风系统。

③ 测定完成后，剩余的样品属于危险废物，须按照《危险废物处理处置规定》送有资质的单位进行处置。

6.5 土壤中镉、铅、铜、锌、镍、砷、铬、铍、铊、汞的测定（电感耦合等离子体发射光谱/质谱法）

警告： 试验中所用到的试剂及标准物质均为有毒有害物质，配制过程应在通风橱中进行操作；应按规定佩戴防护器具，避免接触皮肤和衣服。

6.5.1　适用范围

本方法规定了测定土壤中镉、铅、铜、锌、镍、砷、铬、铍、铊、汞的电感耦合等离子体质谱仪分析方法。

当称样量为 0.100 0 g 时，本方法最低检出限为 0.005～0.4 mg/kg，见表 6-12。

表 6-12　土壤中 10 种元素的方法检出限和测定下限

编号	元素名称		方法检出限/（mg/kg）	测定下限/（mg/kg）
	中文名	元素符号		
1	铜	Cu	0.05	0.20
2	铅	Pb	0.04	0.16
3	锌	Zn	0.4	1.6
4	镉	Cd	0.03	0.12
5	镍	Ni	0.04	0.16
6	铬	Cr	0.05	0.20
7	铍	Be	0.02	0.08
8	铊	Tl	0.005	0.02
9	砷	As	0.05	0.20
10	汞	Hg	0.03	0.12

6.5.2　规范性引用文件

本方法内容引用了下列文件或其中的条款。凡是不注明日期的引用文件，其有效版本适用于本标准。

HJ/T 166　土壤环境监测技术规范

6.5.3　方法原理

土壤样品经消解后，样品溶液经进样装置被引入到电感耦合等离子体中原子离子化，进入质谱后，根据各元素及其内标的质荷比（m/z）测定各离子计数值，由各元素的离子计数值与其标准曲线的离子计数值的比值，计算待测元素的浓度。

6.5.4　试剂

除非另有说明，分析时均使用符合国家标准的分析纯化学试剂，实验用水为新制备的去离子水或蒸馏水。

水　18MΩ去离子水或相当纯度的去离子水。

硝酸（HNO_3）ρ=1.42 g/ml，优级纯。

稀硝酸（10%HNO_3）准确移取 5.0 ml 硝酸溶液（ρ=1.42 g/ml，优级纯）于 50 ml 容量瓶中，用去离子水稀释至刻度线。

氢氟酸（HF）ρ=1.14 g/ml，优级纯。

高氯酸（$HClO_4$）ρ=1.68 g/ml，优级纯。

标准储备液　铜 100 mg/L、铅 100 mg/L、锌 100 mg/L、镉 100 mg/L、铊 100 mg/L、镍 100 mg/L、铬 100 mg/L、铍 100 mg/L、砷 100 mg/L、汞 100 mg/L、铊 100 mg/L。

内标液　Li、Ge、Sc、In、Bi，10 mg/L。

混合标准溶液 A　1 μgCd/ml、1 μgPb/ml、1 μgCu/ml、1 μgZn/ml、1 μgBe/ml、1 μgCr/ml、1 μgNi/ml、1 μgTl/ml、1 μgAs/ml、1 μgBe/ml、1 μgHg/ml，分别准确移取 10 ml 元素标准储备液，加入到 1 000 ml 容量瓶中，加入 20 ml 硝酸（1+1），用去离子水定容至刻度。

混合标准溶液 B　50 ngCd/ml、50 ngPb/ml、50 ngCu/ml、50 ngZn/ml、50 ngBe/ml、50 ngMn/ml、50 ngNi/ml、50 ngTl/ml、50 ngAs/ml、50 ngCr/ml，移取 50.0 ml 混合标准溶液于 1 000 ml 容量瓶中，加入 20 ml 硝酸（1+1），用去离子水稀释至刻度线。

金（Au）溶液　10 mg/L，优级纯。

6.5.5　仪器和设备

（1）电感耦合等离子体质谱仪

进样装置　可以控制样品输送量，安装有可控流量的蠕动泵、同心雾化器以及与其性能相同的雾化器。

离子化　由炬管和耦合线圈构成，炬管通常为三个同心石英管，由中心管导入样品。

接口　细孔采样锥，通常由于使用状态的原因而导致接口材质产生信号响应，因此将该信号换算为测定目标物的信号强度后应低于 0.1 ng/ml。

质谱仪　扫描范围为 5～250 amu 以上，分辨率为 10%质谱峰高处的峰宽小于

1 amu。

离子检测器　检测器为同道是电子倍增器或二次电子倍增管。

（2）气体

气体为高纯氩气（99.999%）。

（3）加热装置

具有精确控温功能的加热装置，加热管是聚四氟乙烯材质。

（4）测定条件

参考按照下述参数设定仪器条件，但是，由于仪器型号的不同，操作条件也会有变化，需要设定最佳仪器条件。

定量用质量数：见表 6-13。

射频功率：1.2～1.5 kW。

等离子体气体流量：15L/min。

附注气体流量：1.0L/min。

载气流量：1.0L/min。

为了进行仪器的调谐，需要使用含有低、中、高质量数的元素的混合标准溶液，至少同时监测 3 个质量数的离子并调谐，内标在线加入。

表 6-13　各元素的定量和定性离子

元　素	定量离子	元　素	定量离子
镉	111	铬	52
铅	208	铍	9
铜	63	铊	205
镍	60	锌	66
砷	75	汞	202

6.5.6　样品

（1）采集与保存

参照 HJ/T 166 中有关要求用竹片或竹刀采集有代表性的土壤样品。保存在样品袋中；样品袋一般由棉布缝制而成，如潮湿样品可内衬塑料袋。运输过程中应密封避光，途中避免干扰引入或样品的破坏，尽快运回实验室进行分析。如暂不能分析用可密封的聚乙烯或玻璃容器在 4℃ 以下避光保存，样品要充满容器。

（2）试样的制备

需要风干的固体废物放在有机玻璃板上，风干室朝南（严防阳光直射土样），通风良好，整洁，无尘，无易挥发性化学物质。待土样风干后，除去土样中枝棒、叶片、石子等异物，将所采全部样品完全混匀，采用木槌或玛瑙研磨机对土样进行磨碎，过 100 目筛后待用。

（3）含水率的测定

取 5 g（精确至 0.01 g）样品在（105±5）℃下干燥至少 6 h，以烘干前后样品质量的差值除以烘干前样品的质量再乘以 100，计算样品含水率 W（%），精确至 0.1%。

（4）试样的预处理

本方法样品消解采用湿式消解法，样品经酸消解后制备成样品溶液。

称取 0.100 0 g 风干土壤样品，置于聚四氟乙烯坩埚中，用少量去离子水润湿，加入 2 ml 硝酸，摇匀后静置过夜。在电热板上于 110℃加热 1 h，加入 3 ml 氢氟酸和 1 ml 高氯酸，温度升高至 130℃，持续加热 2 h，为防止消解液被烧干，可补加适量硝酸，于 150℃赶去氢氟酸至高氯酸白烟冒尽。待消解液清亮即可挥酸至近干，取下冷却。加入 1 ml 稀硝酸，溶解盐类后移入 50 ml 容量瓶中，加入 5 ml 的 Au 溶液，用纯水稀释至标线，摇匀待测。

注：需要测试土壤中 Hg 时，需要加入 Au 溶液。后者对汞的吸附现象具有良好的解吸效果。无须测试 Hg 元素时，可不加入 Au 溶液。

由于土壤种类较多，有机质含量差异较大，在消解时应注意观察，各种酸的用量可视消解情况酌情增减。土壤消解液应呈白色或者淡黄色（含铁较高的土壤）、没有明显沉淀物存在。

6.5.7　分析步骤

（1）仪器分析

本方法使用 Agilent 7500cx 系列 ICP-MS 进行样品分析，工作参数见表 6-14。部分参数可根据仪器实际情况进行调整，内标物加入方式为在线加入。

表 6-14　ICP-MS 主要工作参数

工作参数	设定值	工作参数	设定值
功　率	1 500W	采样深度	7.4 mm
等离子体气流量	15 min/L	分析模式	定量分析
辅助气流量	0.1 min/L	单位质量数采集点数	3
载气流量	1.2 min/L	数据采集重复次数	3
采样锥孔径	1 mm	积分时间	1.0 s
截取锥孔径	0.8 mm		

（2）测定

① 移取适量消解后的样品溶液于 100 ml 容量瓶中，加入适量硝酸使样品溶液酸浓度为 0.1～0.5 mol/L，加入去离子水定容至刻度。

注：各目标元素的浓度过高或样品溶液中总集体浓度高于 1 g/L 时，样品测定前需要稀释样品溶液。

② 在 ICP-MS 正常运行后，将样品溶液通过进样系统引入到电感耦合等离子体中，读取各目标元素和内标元素相应质/荷比（*m/z*）的离子计数值，求出各目标元素离子技术与内标元素的离子计数比值。

注：如果测定目标元素具有两个以上的同位素时，可以通过比较各同位素浓度和同位素比确认有无质谱干扰。

（3）空白试验

作为空白试验，在不加入土壤样品的条件下重复湿式消解法的操作，按照求出各目标元素与内标元素的离子计数值比，并用来校正样品中各目标元素与内标元素的离子计数值比。

（4）校准曲线

分别移取 0.1～10 ml 的混合标准溶液至 100 ml 容量瓶中，加入适量硝酸，使标准溶液待到与样品相同的酸度后，用去离子水定容。得到的校准用标准溶液进行操作。以各元素的浓度对元素的离子计数值/内标元素的离子计数比值关系做成校准曲线。在样品溶液测定时制作校准曲线。

6.5.8　结果计算

土壤样品中元素的含量 *W*（mg/kg）按下式计算：

$$W = \frac{\rho \cdot V}{m(1-w)}$$

式中：ρ ——试液的吸光度减去空白试验的吸光度，然后在校准曲线上查得元素的含量（mg/L）；

V ——试液定容的体积（mL）；

m ——称取试样重量（g）；

w ——试样中的水分含量（%）。

6.5.9　质量保证和质量控制

（1）实验室空白分析

每天必须最少用 1 个试剂空白和 3 个标准制作一条标准曲线，用至少 1 个试剂空白和 1 个浓度位于或接近中间范围的验证标准（由参考物质或另一份标准物质配制）进行检验，验证标准的检验结果必须在真值的 10% 以内，该标准曲线才可使用。

　　每批样品（小于 50 个）应做一次实验室空白分析，实验室空白分析即不加土壤样品，按与样品完全相同的方法进行分析，要求目标元素在空白样品中的检出浓度必须低于方法检出限。在每批测试试样中，至少应该有一个加标样和一个加标双样。

（2）相关性检验

初始校准曲线中，每个元素相关系数应在 0.995 以上。

（3）精密度控制

样品测定时，随机抽取 10%的样品做平行双样检查，样品量（ω）<10 时，做 1 个样品的平行双样。平行双样的允许误差范围见表 6-15。

表 6-15　平行双样允许误差范围

浓度范围/（μg/g）	最大允许偏差/%
$\omega>100$	5
$100\geqslant\omega>10$	10
$10\geqslant\omega>1.0$	20
$1.0\geqslant\omega>1.0$	25
$\omega\leqslant1.0$	30

（4）准确度控制

样品测定时，随机抽取 10%的样品做加标回收率测定，当样品量<10 个时，加标样品也少于 1 个，加标回收率应控制在 80%～120%。

（5）试样方法

当试样基体十分复杂，以致其黏度、表面张力和成分不能用标准准确地匹配时，应使用干扰试验的方法判断是否需要使用标准加入法。

（6）干扰试验

　　稀释试验　在试样中选一个有代表性的试样做逐次稀释以确定是否有干扰存在，试样中分析元素的浓度至少为其检出限的 25 倍。测定未稀释试样的浓度，将试样稀释至少 5 倍（1+4）后再进行分析。如果所有试样的浓度均低于检出限的 10 倍，要做下面所述的加标回收分析。若未稀释试样和稀释了 5 倍的试样的测定结果一致（相差在 10%以内），则表明不存在干扰，不必采用标准加入法分析。

　　回收率试验　如果稀释试验的结果不一致，则可能存在基体干扰，需要做加标样品分析以确认稀释试验的结论。另取一份试样，加入已知量的被测物使其浓度为原有浓度的 2～5 倍。如果所有样品所含的分析物浓度均低于检出限，按检出限的 20 倍加标。分析加标样品并计算回收率，如果回收率低于 85%或高于 115%，则所有样品均要用标准加入法测定。

（7）标准加入法

标准加入法是向一份或多份备好的样品溶液中加入已知量的标准。通过增加待测组分，提高或降低分析信号，使其斜率与校准曲线产生偏差。不应加入干扰组分，这样会造成基线漂移。

注意以下的制约条件：标准加入的浓度应该在标准曲线的线性范围内，为了得到最好的结果，标准加入法标准曲线的斜率应该与水标准曲线的斜率大体相同，如果斜率明显不同（大于 20%），使用时应该慎重；干扰影响不应该随分析物浓度和试样基体比的改变而变化，并且加入标准应该与被分析物有同样的响应；在测定中必须没有光谱干扰，并能校正非特征背景干扰。

6.5.10 方法性能指标

（1）检出限和测定下限

当称样量为 0.100 0 g 时，本方法的方法检出限和测定下限见表 6-12。该数据为本实验室的单一实验室数据。检出限测定方法为：按照样品分析的全部步骤，平行测定 7 次空白实验，计算 7 次平行测定的标准偏差，按下式计算方法检出限。

$$MDL = t_{(n-1, 0.99)} S$$

式中：MDL ——检出限；

$t_{(n-1, 0.99)}$ ——置信度为 99%，自由度为 $n-1$ 时的 t 值（查表可得）；

n ——平行分析的样品数（本方法中为 7）；

S ——7 次测定浓度的标准偏差，计算公式为：

$$S = \sqrt{\frac{1}{n-1} \sum_{k=1}^{n} \sqrt{(x_k - \bar{x})^2}}$$

测定下限为方法检出限的 4 倍值。

（2）精密度和准确度

称取 0.100 0 g 环境保护部标准样品研究所制备的标准土壤样品（GSS-7），进行全程序 6 次平行测定，其准确度与精密度数据见表 6-16。该数据为本实验室的单一验证数据。

表 6-16 精密度测试数据

元素	标准值/（mg/kg）	测定值/（mg/kg）	相对标准偏差/%	加标回收率/%
砷	4.8±1.9	4.6	5.6	89～99
铍	2.8±0.6	2.5	5.8	94～98
镉	0.080±0.033	0.072	9.4	93～104
铬	410±35	442	8.3	104～117
铜	97±9	103	6.4	98～107
汞	0.061±0.008	0.078	9.8	91～114
镍	276±23	264	3.1	96～108
铅	14±4	13	4.2	91～105
铊	0.21±0.06	0.025	7.9	89～114
锌	142±17	160	2.8	98～106

6.5.11 注意事项

① 为保证一起的稳定性和实验的准确性，应定期（或测定一定数量样品后）对仪器的雾化器、炬管、采样锥和截取锥进行清洗。清洗方法为：雾化器和炬管用稀硝酸浸泡过夜后，用去离子水冲洗干净，吹干；采样锥和截取锥用棉签蘸稀硝酸擦洗后，用超声波清洗 5～10 min，然后用去离子水冲洗干净，吹干。

② 氩气纯度对仪器"点火"成功和引入干扰具有重要意义，应选用纯度较高的高纯氩气（99.999%）作为载气。

③ 通常根据目标元素的质量数大小来选择内标元素，应尽可能地选择与目标元素质量数相近的内标元素。

6.5.12 废弃物的处理

试验中所产生的所有废液和其他废弃物（包括检测后的残液）应集中存放，并附警示标志，送至具有资质单位集中处置。